设计思维实验丛书

构造原理

——产品构造设计基础

PRINCIPLES OF STRUCTURE

Fundamentals of product structure design

叶　丹　董洁晶　著

中国建筑工业出版社

图书在版编目（CIP）数据

构造原理——产品构造设计基础/叶丹等著．—北京：中国建筑工业出版社，2017.4（2024.11重印）
（设计思维实验丛书）
ISBN 978-7-112-20631-5

Ⅰ.①构… Ⅱ.①叶… Ⅲ.①产品设计 Ⅳ.①TB472

中国版本图书馆CIP数据核字（2017）第060889号

本书从“多学科”的角度，将社会学、生物学、人类文化学、机械学、美学等学科相关知识有机地纳入到“产品构造原理”的研究中。内容包括：自然界和人造物的构造研究、产品构造和结构设计和构造创新设计。重点探讨了折叠、契合、连接等构造结构的特点及在产品设计中的应用。

本书不仅可以作为工业设计专业的教科书，也可以作为产品开发人员、工程师在产品设计实务中的参考书。本书的写作特点是结合大量实例，理论联系实际，图文并茂，专业且通俗易懂。

责任编辑：李东禧　唐　旭　吴　绫
责任校对：王宇枢　焦　乐

设计思维实验丛书
构造原理
——产品构造设计基础
叶　丹　董洁晶　著
*
中国建筑工业出版社出版、发行（北京海淀三里河路9号）
各地新华书店、建筑书店经销
北京京点图文设计有限公司制版
北京中科印刷有限公司印刷
*
开本：787×960毫米　1/16　印张：10¾　字数：188千字
2017年5月第一版　2024年11月第七次印刷
定价：49.00元
ISBN 978-7-112-20631-5
（39212）

目　录

第1章 导论

· 教学内容：产品构造的概念和学习方法。

· 教学目的：1. 提升用多维的思维方式对构造、形态的学习能力；

2. 提高对产品构造设计的认知度，激发对世界万物的好奇心；

3. 通过对发生认识论原理的解读思考，加深对设计的理解，为后续学习打下良好的基础。

· 教学方式：1. 用多媒体课件作理论讲授；

2. 以小组为单位，进行讨论、交流，教师作讲评。

· 教学要求：1. 通过学习发生认识论理论，掌握观察学习研究的方法，提高创新思考能力；

2. 加强对生活细节观察的训练，以提高和丰富认知能力；

3. 学生要利用大量课外时间去图书馆、上网搜寻和选择动植物资料。

· 作业评价：1. 阅读研究能力及清晰的口头表达；

2. 能体现思考过程，而不是重复记忆现成的概念；

· 阅读书目：1. 潘伟.天工开物古今图说[M]. 南宁：广西师范大学出版社，2011.

2. [瑞士]皮亚杰.发生认识论原理[M].王宪钿等译.北京：商务印书馆，1997.

3. 雷永生，王至元.皮亚杰发生认识论述评[M].北京：人民出版社，1987.

1.1 认识构造

世界是物质的，任何物质都有其构造形式，小到细胞，大到宇宙。那么，什么是“构造”。

所谓“构造”，是指物体的各组成部分及其相互关系。比如自然界的生物，都有一套各不相同的生物构造来保持其生命状态：一个鸡蛋、一只蜂窝或者一面蜘蛛网，看上去很脆弱，在大自然的风风雨雨中，却能保持其形态的完整性，这就得益于各自合理的生物构造。

生物构造的多样性是自然界“物竞天择”的结果，而当人类造物时，人造物的构造问题就会立即呈现出来，因为没有构造就没有造型物的存在，构造与物的形态是不可分割的。当然，任何一种构造不是人凭空想出来的，而是为了达到一定的功能要求、受各种材料特性而决定的。例如，中国古代的锁具构造就是随着材料和功能的发展出现各种不同的形制：材料上的变化由栓制木锁到金属簧片锁到文字组合锁（图1–1、图1–2）；功能用途上的变化由广锁、刑具锁到花旗锁、首饰锁等。

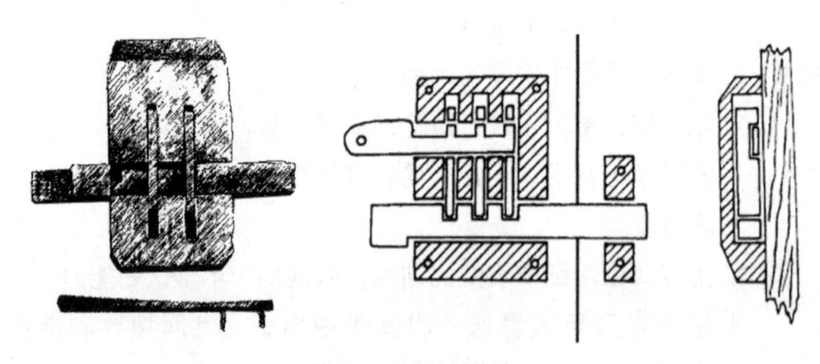

图1–1　栓制木锁构造

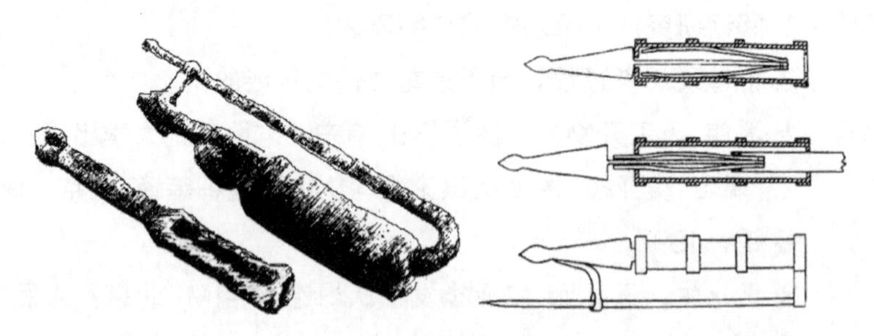

图1–2　虾尾锁及其簧片构造

"构造"一词最早用在建筑上，中国先秦典籍《考工记》就是对当时营造宫室的屋顶、墙、基础和门窗的构造记述、唐代的《大唐六典》、宋代的《木经》和《营造法式》、明代成书的《鲁班经》和清代的清工部的《工程做法》等，都是记载建筑构造的经典文献。在国外，公元前一世纪罗马维特鲁威所著《建筑十书》、文艺复兴时期的《建筑四论》和《五种柱式规范》等著作也是对当时建筑结构体系和构造的记述。所以在高校建筑专业，建筑构造学历来是一门重要的基础课程。

和建筑相类似，产品也是由材料按照一定的构造方式组合起来的，从而发挥出一定功能的人造物。不同的是工业产品中的材料比建筑物要复杂得多，但其构造原理是相通的，都要研究如何运用材料的相互联结和作用方式来组成一个构造物。作为功能的载体，构造是依据功能目的来选择和确定的。还是以锁具为例，锁的功能具有保护财产的实用功能和外防内守的象征功能，实现这些功能的技术方法就有很多，可以利用要是与弹簧片的几何关系与弹力来控制金属簧片的张合的"金属簧片构造"；也可以采用转轮而不需钥匙的"转轮构造"（图1–3，相当于现代的密码锁），与簧片构造迥然不同。不同技术方法的实施，就要用相应的构造来保证。这就是说，同一种功能可以由不同的构造和技术方法来实现，在构造与功能之间并不存在单一对应的关系。此外，同一种构造也可能具有多种不同的功能。例如同一种簧片构造，可以做成保护财物的箱体所；也可以做成为儿童祈福的"长命锁"或者女性所专用的"首饰锁"。因此，功能与构造之间是双向多重对应的关系（图1–4）。

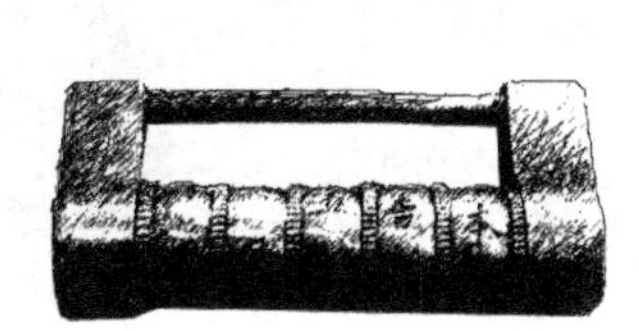

图1–3　转轮结构锁的构造

图1–4　首饰锁和长命锁

构造是产品的骨骼。自然界中的哺乳类和脊椎类动物都依赖骨骼承载着自身重量。生物进化的规律是越高级的生物，骨骼就越复杂。就像各种生物有着不同的骨骼，不同的产品也有着不同的构造。照相机和汽车的功能绝然不同，其构造也大相径庭。我们研究构造，首先要研究它的机能以及构成形态。

诗歌是优美的语言艺术，但是诗歌有着比普通语言更严格的格律要求。构造原理就好像是诗歌的格律，做好产品必须了解构造规律，它是人类对自然美的提炼和创造。原理听起来会显得刻板，但是如果能够熟练驾驭它，就能顺利地得到好的结果，好的构造才能产生好的产品。

一件好的产品应该是而且必须是技术与艺术的综合体，而不是“技术”加上“艺术”。产品中既有技术因素，也有艺术因素，并且两者在各方面都有关联，不能把技术因素与艺术因素分开处理。构造既是一种技术，也是一种艺术（图1-5）。建筑师罗得列克·梅尔说得更为精辟：“构造技术是一门科学，实行起来却是一门艺术。”构造，影响到产品的最终形态。因此，设计师不能完全把它甩给工程师，而应该在设计的全过程中妥善处理两者的关系，主动地与结构工程师密切配合。

图1-5 机械相机的内部构造

事实上，构造也具有美感和视觉表现力，就像雕塑作品一样引人注目，甚至比雕塑更加精致耐看。首先，构造美是一种科学的理性美，它包含着构造物的材料及基本的力学原理，而力学原理是一种客观的规律。在这一点上，我们无论对产品造型做何种处理，其基本的构造原理必须符合客观规律。只有符合力学原理，设计的产品才是合理的、可实现的；另一方面，科学需要理性，同样也需要创造，不要认为构造设计仅仅需要理性的计算而忽视创造，事实上，许多设计大师往往是在构造上的突破才设计出引人注目的产品形态来。如图1-6所示是丹麦设计师汉宁森设计的“PH灯具系列”，从植物中启发而来的特殊构

图1-6 PH洋蓟吊灯

造，其产品形态开辟了灯具设计的新领域。

力学法则是构造美的重要基础，可以分为客观的物理的力和主观的心理的力（或称量感）。力的作用是一种物理规律，它由构造的形态、材料、重量等客观因素构成的，可通过计算过的物理的量；而力量感则是人的心理感觉。具体地说，当人看到色彩灰暗的物体会觉得它比较沉重，看到色彩明亮的物体会感觉比较轻快，尽管这种感觉不一定与客观事实相符，通常物体的重量与构成该物体的材料有关，而与物体的色彩关系不大。但在日常生活中人们对事物的判断常常受心理感受的影响。

与工程师不同，产品设计师更像是手工艺匠师，在灵巧的手指下塑造出精美的物品。造物过去是一种工艺，现在和将来也仍然是一种工艺。如同人们赞叹陶艺、玉雕的精美，在物品制造过程中表达出来的精湛技艺与情趣就是一种工艺美。虽然现代工业产品的制造和莫里斯时代有了很大的差别，早已进入到了工业化甚至是人工智能化阶段。如图1–7所示的宝马汽车，也许百分之九十是流水线上制作出来的，但车体上每一条线型、每一个部件处理都流露出设计师手工打造的痕迹。这就是工艺美，是设计师纯熟的技艺展示。设计师伊尔 · 沙里宁曾说，结构上的完整性和明确性是我们时代审美的基本原则。这句话表达了功能主义时代，用技术的方法而不是经验来设计产品和结构时的所有自信和理想。所以，设计师扮演着多重角色：他既要有雕塑家敏锐的艺术感觉，也

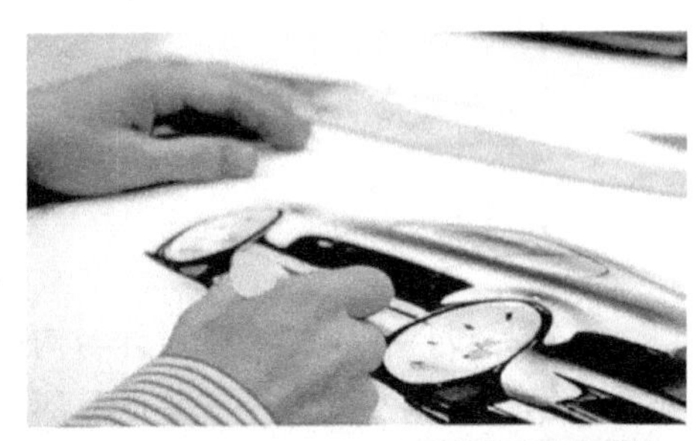
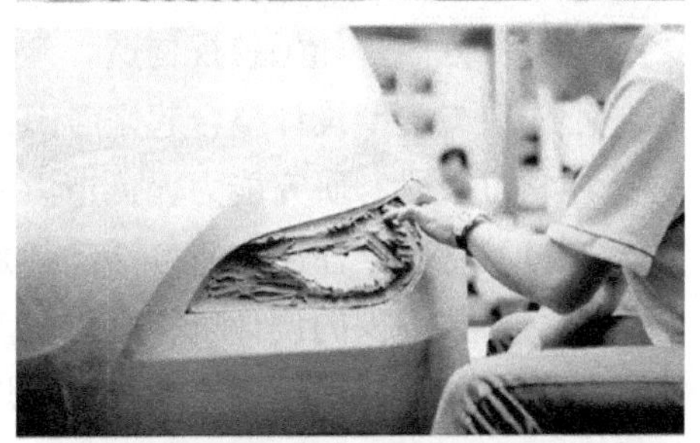

图1–7　宝马汽车设计

需要工程师的理性能力。如何处理好构造与造型的关系，是产品设计的一个关键问题，也是本书讨论的主要内容。

思考题01：

· 何谓“构造”？

· 构造和形态有哪些相关因素？

1.2 研究方法

在产品设计中，把造型设计与构造设计放在一起考虑不是机械的拼凑，而是有机的结合。构造的表现就是产品形态的表现，构造美是体现产品美的主要因素之一。另一方面，如果忽视构造，产品就失去了存在的基础，更无美感可言。所以，把构造与造型设计整合起来考虑，是产品设计的合理方法。

在学习阶段，研究能力比创造力更重要，一旦掌握了规律，就为以后创造力的发挥打下基础，任何创造性活动都是在一定条件约束下进行的。在具体的产品设计中，为数不少的设计机构是以造型设计为先导，构造服从形态。但在专业教育中，为了能够系统掌握专业知识和培养创造能力，把构造学习研究作为基本功来训练。否则有可能被各种复杂的构造类型所迷惑，概念不清晰，反而会影响创造力的发挥。所以，在学习和研究上要把握以下几点：

a. 构造设计要把握好力与形态的关系。形态造型要与构造相联系，构造上涉及的拉力、压力、扭力等力学元素应该反映到形态上。“形是力的图解”这句名言很好地揭示了“形”与“力”的关系。这里的“力”既包括物理上的力，也包括心理上的“力”。形态和构造就在这两种“力”的作用下变化发展，构成一个美的造型物。

b. 构造设计不能忽视形态本身的积极作用。许多造型艺术规律和法则都可以运用到构造设计中，工程上追求简单纯粹的表达，艺术设计通常也是这样。但是人文科学相对自然科学更加微妙，复杂问题有时可以用简单的方法归纳处理，而换一种场合复杂问题就不能那么简单化的处理；有些艺术处理追求的就是复杂表现，如果简化了就没有味道了，这是艺术与技术相矛盾的地方，也是构造设计中的难点所在。但并不是说造型艺术就不讲规律。例如造型艺术中对称、均衡、韵律、节奏等都是普遍规律，这与工程设计中追求简单明确的解决方法是相通的（如图1–8所示是“连接”的基础设计作业）。

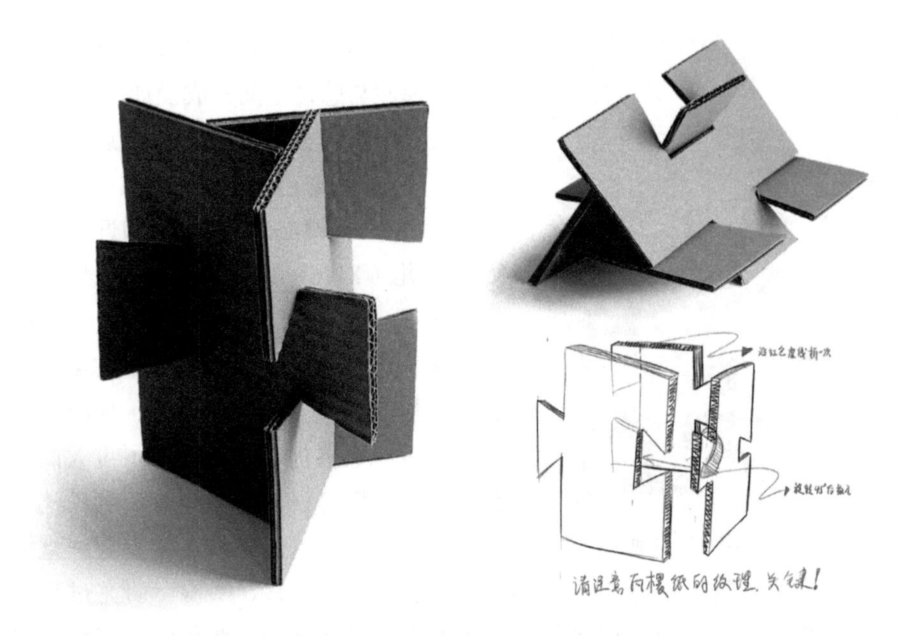

图1-8　连接构造设计　设计：王贤凯

c. 对先进理念既要认真研究也要注意灵活运用。在设计实务中，受市场、消费观念的影响，开发理念往往是滞后于科学与艺术的许多前卫思想，过分追求标新立异反而得不到消费者的认同。著名设计师罗维曾提出“MAYA原则”，它由“most advance yet acceptable”四个英语单词的第一个字母组成，意思是“最先进的，然而是可接受的”。每一种产品都有一定的临界域，这与消费者的支付能力无关。临界域规定了对新产品的消费愿望的极限。达到这个临界域，对新产品的消费愿望就会变成对新产品的绝对排斥。这就是产品设计与纯艺术之间的差别。对于前卫思想可以从那里得到启发，把各种理念和力的运用到构造与形态设计中来。各种不同的表达都有着自己的艺术规律和发展空间，重要的是善于理解这些规律，灵活使用。

d. 从自然中吸取设计灵感。无论从何种角度，自然都是值得我们研究和学习。对自然的探索中，我们会从千姿百态的形态构造中得到丰富的感受，然后将这些形式从表象之中抽象出来，找到合理的构成原理。自然界中的构造与造型有着内在的一致性，产品设计也应该追求这种构造与造型的一致性。这种一致性并不是要抹杀创造力，而是要更为有效、艺术地处理产品设计中的形态与功能。构造设计不应被看成只是一种技术，而与产品设计无关。相反，它是产品设计学的

图1-9 科拉尼设计作品

一个组成部分。设计师应该学会驾驭构造语言，在理性与感性之间完成设计（图1-9）。

关于学习方法，我们可以重点关注两位大师，一位是文艺复兴时代的巨匠列奥纳多·达·芬奇（1452—1519）和近代哲学之父笛卡儿（1596—1650）。达·芬奇是一位思想深邃，学识渊博，多才多艺，集画家、雕塑家、建筑师、物理学家、生物学家、土木工程师、军事工程师于一身，他的艺术实践和科学探索精神对后世产生了重大而深远的影响。我们可以从图书馆查阅到《达·芬奇手记》一书，这是他从二十岁起一直到晚年，将自己感兴趣的各种各样的事情，包括读书、观察、实验、研究过程中所思所想用图文并茂的形式记录其中（图1-10、图1-11），涉及内容广泛，包括数学、物理、力学、天文学、机械工程、解剖学等，甚至还有飞机、兵器制造、土木、城市规划、桥梁建造等方面的设计草图。特别一提的是在手记中的各种设计方案中，形态和构造设计是融为一体的，彼此不分先后。仔细阅读可以发现，他有关飞机、大跨度桥梁等设计依据是工程学原理，勾勒出的外形却是艺术作品。体现出这样的观念：产品构造设计的基础是技术，但要以艺术的形式表达在产品上。

另一位大师笛卡儿是位哲学家、解析几何学的创始人。笛卡儿强调科学的目的在于造福人类，使人成为自然界的主人和统治者。他反对经院哲学和神学，提出怀疑一切的“系统怀疑的方法”。他有一句名言：“我思故我在”，强调不能怀疑以思维为其属性的独立的精神实体的存在，并论证以广延为其属性的独立物质实体的存在。他是这样解释的：对一切都怀疑的我的存在是无可怀疑的。怀疑意味着思考，我在怀疑，就意味着我在思考；而如果我在思考，那就意味着我存在。因此，“我思故我在”，这是一条其真实性不可怀疑的原理。我思故我在这条真理是这样确实、这样可靠，连怀疑派的任何一种最狂妄的假定都不能使它发生动摇。于是我就立刻断定，我可以毫无疑虑地接受这条真理，把它当作我所研究哲学的第一原理。笛卡尔在《谈谈方法》一书中提出了四个具体方法，这对我们进行研究设计极具启发意义：第一，“决不把任何我没有明确地认识其为真的东

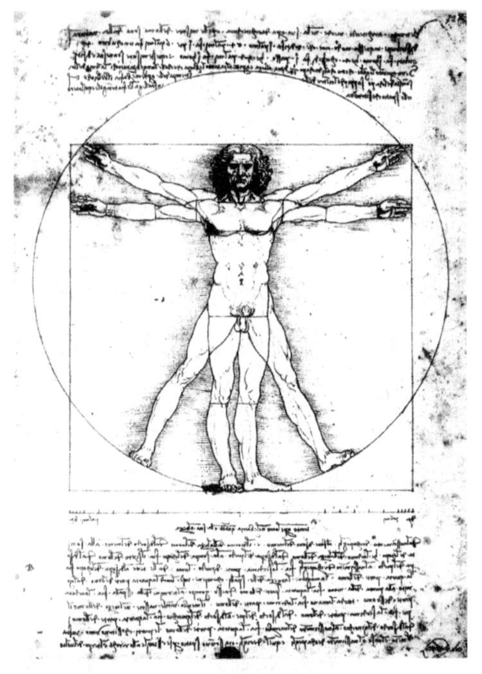
图1-10 达 · 芬奇的人体尺度研究

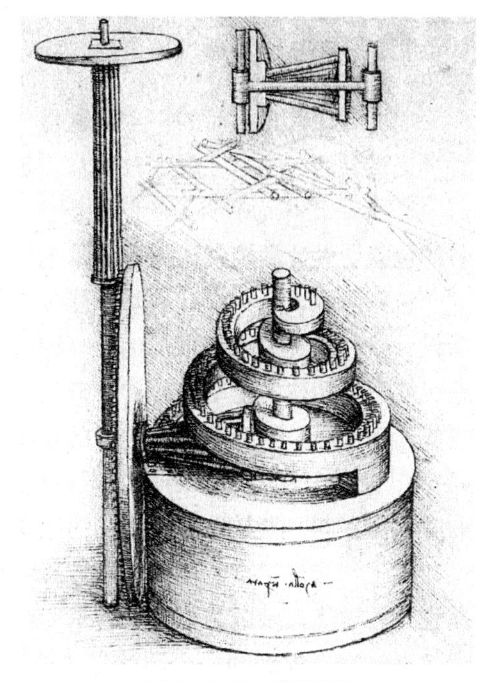
图1-11 达 · 芬奇手稿

西当作真的加以接受，也就是说，小心避免仓促的判断和偏见，只把那些十分清楚明白地呈现在我的心智之前，使我根本无法怀疑的东西放进我的判断之中。”第二，“把我所考察的每一个难题，都尽可能地分成细小的部分，直到可以而且适于加以圆满解决的程度为止。”第三，“按照次序引导我的思想，以便从最简单、最容易认识的对象开始，一点一点逐步上升到对复杂的对象的认识，即便是那些彼此之间并没有自然的先后次序的对象，我也给它们设定一个次序。”最后一点，“把一切情形尽量完全地列举出来，尽量普遍地加以审视，使我确信毫无遗漏。”

从上述规则中，可以看出笛卡尔不仅强调理性演绎法前提的真实可靠，而且注重演绎法和分析法的结合。他的研究思想和方法对于我们进行设计创新，对现有的产品进行理性反思，使设计成为人类可持续发展过程中重要手段具有现实的指导意义。

思考题02：

· 为什么说力学法则是构造美的重要基础？

1.3 方法论原理

学习设计首先面对的一个问题是"怎么学"？

更重要的问题是"怎么教"？"教什么"？

这些看上去简单明了的问题就像"设计"的定义一样没有"标准答案"。著名的包豪斯设计学校就认为设计是无法教的。

包豪斯的观点：设计虽然不能教，但工艺和手工技巧是能教的。所以在包豪斯设计学校里不分教师和学生，只有师傅和徒弟，通过车间这个特殊的教学场地，使学生从技术上掌握各种生产技术，再经过艺术大师如康定斯基的艺术课程完成设计教学。今天看来，这样的车间明显带着手工艺的色彩和局限性，但它对20世纪直至今日设计界的重要影响依然不可忽视。近几年来国内许多艺术学院的"工作室制"就是受这种影响的结果。

除了学习设计技能外，创造性思维如何开发？可以教吗？现在的"设计专业课程"教学绝大多数是借助"艺术"的手段来提高学生对"型"的把握能力。艺术教师经常会提到的一个词就是"设计感觉"。一个学生感觉差就意味着很难学好"设计"，"怎样才能感觉好？"。

原研哉是这么认为的："所谓感觉，就是以这样一种很难说清的方式互相渗透、互相联系在一起的。人不仅仅是一个感官主义的接受器官的组合，同时也是一个敏感的记忆再生装置，能够根据记忆在脑海中再现出各种形象。在人脑中出现的形象，是同时由几种感觉刺激和人的再生记忆相互交织而成的一幅宏大图景。这正是设计师所在的领域。我从事设计多年，积累了许多这方面的经验，并依照这些经验进行着工作，同时，这种自觉也越来越强。"

这段话中的两个关键词："记忆再生装置"、"交织成图景"成了产生"感觉"的关键步骤。这些特征印证了认知心理学家皮亚杰"发生认识论"中的某些观点，我们可以了解这个理论为学习方法提供路径。

皮亚杰的"发生认识论"有两个特征：一是发生认识论具有多学科的特征。皮亚杰一生对生物学、哲学、心理学和逻辑学都有精深的研究，使得发生认识论建立在多学科的坚实基础上；二是发生认识论对儿童心理进行了重点研究。皮亚杰终生不离对儿童生理和心理的研究，这占了他著述的绝大部分。皮亚杰之所以选择对儿童心理进行重点研究，除儿童心理学是心理学的一个重要组成部分外，主要原因是儿童心理相对单一、容易观察和进行验证。如果没有对儿童心理学的大量研究，皮亚杰的发生认识论就难以产生。在阅读皮亚杰的论著时要把握这两把钥匙。

发生认识论有四个基本概念，即“图式”、“同化”、“顺应”和“平衡”。

“图式”——是指动作的结构或组成，这些动作在相同或类似环境中由于不断重复而得到概括。所谓的图式相当于人们常说的模式。

“同化”——是在认识过程中，将环境因素纳入人脑已有的模式结构中，以加强和丰富人脑的动作，引起这些结构模式的量的变化。

“顺应”——是人脑中的模式不能同化客体，必须建立新模式或调整、修改原有模式，引起原有模式质的变化，从而使人脑适应环境。

“平衡”——是同化与顺应两种机能的平衡。

在皮亚杰看来，人认识事物的发展顺序，从出生到成年都遵循这样的过程：每遇到新事物，在认识中就试图首先用原有的模式去同化，如获成功就达到认识上的平衡；反之，便做出顺应，即调整修改原有模式或建立一个新的模式，去同化新事物或新问题，以达到认识上的新的平衡。可见，如果有认识上的平衡，便没有认识的发展；认识的平衡是动态的、发展的。

皮亚杰所说的“图式”是指动作的结构或组织。这些动作在相同或类似环境中由于不断重复而得到迁移或概括。这里的“结构”不是解剖学意义上结构，而是一种认识的功能结构。在生理水平上，图式绝大部分的程序是遗传获得的。在认识水平上，图式可以代表一个分类系统，这一系统使认识主体能够对客体信息进行整理、归类、创造、改造。由于存在这样一个富有创造性的图式组织，认识主体才能有效地适应环境。组织是适应的内在方面，而适应是内部图式与外部环境进行斗争的结果；组织体现了环境的威力，也体现了图式的能动作用。

皮亚杰认为任何图式都没有清晰的开端，它总是根据连续的分化，从较早的图式系列中产生出来，而较早的图式系列又可以从最初的反射或本能的运动中追溯它的渊源。因此，人的认识图式不是一成不变的，它是一个发生和发展的过程。如果从发生认识论的起点——儿童的反射活动说起，主体所具有的第一个图式是遗传获得的图式，也就是本能动作的图式。儿童不断和客观外界发生相互作用，在这种相互作用中，非遗传的后天图式逐渐从低级阶段向高级阶段发展，也就是图式的建构过程。

皮亚杰认为，“同化”和“顺应”是人和环境两极之间的相互作用。“同化”

和“顺应”这对范畴是适应理论的核心部分，它们概括了人脑从生物水平直至智力水平上都起作用的两种相辅相成的机能。也就是说：刺激输入的过滤或改变叫做同化；内部图式的改变，以适应现实，叫做顺应。同化在生物水平上，有生理同化，它的作用是对人脑摄入的物质进行改造，使之变为有机体组织的营养；在感知运动水平上，有心理同化，它表现为有机体把外部信息同化到动作结构中，使动作获得协调；在理性水平上，有认识同化，它表现为有机体把外部信息变为概念、推理的形式，以丰富主体的认识图式。

“顺应”是当客体作用于主体而主体的图式不适应客体时，主体调整和改变图式，使之适应客体的过程。与同化作用相应，“顺应”也存在于有机体从生物水平到认识水平的各个阶段。由于同化表明了主体改造的过程，而顺应表明了在客体的作用下主体得到改造的过程。所以，同化和顺应这一对机能代表了主客体间的相互作用。

同化和顺应的相互作用总要达到一种平衡状态，因此“平衡”是一个重要范畴。在适应活动中，主体和客体的相互作用，通过同化和顺应这些主体的内在机能表现出来。

皮亚杰之所以把平衡也作为一个重要环节，是因为一个有机体按照它所处的环境不同而有各种形式的平衡，从姿态上的平衡到体内的自动平衡，这些不同的平衡形式对于生命都是必要的，所以它们就是一些内在的特征；而持久的不平衡则构成了一种病态的有机状态或心理状态。既然不平衡是病态的生理或心理状态，它就绝不能产生客观的、完善的认识图式，因而也不能正确地认识客体。所以，发展的（认识）理论就必然要求助于平衡概念，因为一切行为都要在内在因素与外在因素之间保持平衡，都要在同化与顺应之间达到平衡。

同化和顺应之间的平衡不能只理解为是一种状态，因为同化和顺应达到了平衡以后并不能一劳永逸，主体和客体的相互作用还要继续，同化与顺应的机制还要周而复始地发挥作用。同化和顺应每获得一次平衡，认识图式就会随之更新。随着同化和顺应从“平衡→打破平衡→再平衡……”的发展，认识图式也不断地由低级向高级发展。下面记录了关于方法论的课堂讨论。

讨论题01：

· 以5～8人自由组成学习小组，推选一名组长，一名书记员；

· 每个小组内部要有分工，分别从图书馆借阅有关书籍、互联网上搜索有关“皮亚杰”、“发生认识论”等有关信息；

· 组长协调每个同学重点阅读哪个部分，在小组讨论时各自将重点阅读部分向大家作交流，书记员作重点纪录，并负责整理向全班作交流；

· 初次阅读可能会有理解上的困难，多读几次就会有收获；

· 发生认识论对初学设计有哪些启示？

· 结合自己学习经历，对原研哉所说的“记忆再生装置”、“交织成图景”与皮亚杰“发生认识论”原理，谈谈自己的心得；

· 对“发生认识论”原理可以认同，也可以反对，认同和反对要说出理由。

老师：经过一段时间的阅读皮亚杰《发生认识论》的有关文献，同学们对此理论应该有个初步的了解。有些同学认为大师的理论太过深奥，都是采用哲学语言来描述，短时间内有点难理解。从另一种角度看，正好说明了这样一个事实：我们平时接触哲学、心理学方面的书籍太少，脑子里有关这方面的“图式”就很有限，难以产生“同化”——也就是理解和联想，多看几遍也许就能产生“顺应”，达到“平衡”。

好！现在我们就用皮亚杰所描述的认识过程来进行讨论，讨论的过程就是理解的过程。现在同学们中传阅的由日本设计师原研哉撰写的《设计中的设计》，这本书中有一段关于“感觉”的描述：“以这样一种很难说清的方式互相渗透、互相联系在一起的。人不仅仅是一个感官主义的接受器官的组合，同时也是一个敏感的记忆再生装置，能够根据记忆在脑海中再现出各种形象。在人脑中出现的形象，是同时由几种感觉刺激和人的再生记忆相互交织而成的一幅宏大图景。这正是设计师所在的领域。我从事设计多年，积累了许多这方面的经验，并依照这些经验进行着工作，同时，这种自觉也越来越强。”这段话中如果用发生认识论原理来解释的话，其灵感产生的过程是：当遇到设计问题时，设计者首先要努力调出他头脑中的图式进行对比（同化），一般来说，设计问题不会被旧图式完全相同（同化不成功），那么设计者头脑中这一图式便增加了一个需要修正的量，要创建一个新的图式来解决问题，设计成功，标志着“平衡”了同化和顺应；如果设计不成功，还得继续为寻找新图式而努力。通常新图式的建立是一个反复的过程，其间会经历失败，会导致设计的“平衡”阶段时间很长。原研哉所说的“记忆再生装置”就是图式搜索过程，“交织成图景”是同化和顺应的过程。

在所有的设计中，设计者的思路贯穿于图式、同化、顺应、平衡的整个过程。创新能力水平低的设计者在同化阶段就容易达到平衡，也就是把旧图式反复使用；而创新意识强的设计者在“顺应”阶段会花很多时间和精力探寻更多的图式，来达到新一轮的平衡。而设计者头脑中图式的积累是至关重要的。此外，我们可以回忆自己在小学、中学的学习经历，就能体会皮亚杰的这些道理。

倪仰冰："发生认识论"这个名词第一次在叶老师的课上听到，就感觉玄乎，好像和我没啥关系。待仔细听了下去……感觉有点道理。与皮亚杰的第一次碰撞就这样开始了，却愁于找不到原著，只好在网上找寻资料。真正开始了解认识论却是在课堂讨论会上开始的，小组同学重新把课件翻出来讨论，从儿童心理学到发生认识论，从图式到平衡模式，争论了半天，终于有了些收获。

同化模式在我脑海中的定义是将周围的刺激因素同构到已有的图示模式中；若不成功，只能调整已有的模式去适应周围的变化，这便是顺应模式。我试着去理解这些东西，对这些专业名词实在不怎么敏感。但是，我却从这些似乎早就懂得的理论中看到了更多的疑问，何时才能同化成功？何时又得顺应？两者的关系如何？诸如此类的问题蹦出来一大堆……带着这些问题，重新钻进图书馆，没想到又引出新的问题……

首先，对"同化"和"顺应"有了一个新的认识：同化和顺应有着相互作用的关系，"平衡模式"在这里起到非常重要的作用。因为不平衡是病态的生理或心理状态，就不能产生客观的完善的认识图式，也不能正确的认识客体。所以发展的认识论就必然要求助于平衡概念，因为认识过程都要在同化与顺应之间达到平衡。当然，同化与顺应的平衡不能只理解为一种状态，因为皮亚杰认为同化和顺应达到了平衡后并不能一劳永逸，同化与顺应还要反复发挥作用，也就是平衡——打破平衡——平衡，而认识图式不断地由低级向高级发展。那么，明白了这些道理又有什么用呢？对我学设计又有怎样的帮助呢？还不如从生活中最简单的东西去理解。譬如说，去买东西，经常会有这样的想法，"这个老板看起来比较老实，应该不会宰我"，"这衣服料子比较好""这个台灯比较漂亮""那牙刷刷起来应该很舒服"诸如此类的判断和认识，都是人们调用自己脑海中原有的图式进行比较的结果，而且是在瞬间作的判断，这些过程其实就是过去的模式去"同化"新事物呢？联系到专业学习，老师常说注意平常的积累才有利于创新。用皮亚杰的理论来解释是在认识事物时，"同化"的过程其实是我们调动脑海中对已有图式进行对照的过程，脑海中积累的图式越多，可供我们选择的余地就越大，就有更多的办法去解决问题。由此可见图式积累的重要性。但图式的积累不是一天两天的事情，这就要我们有执着追求的精神，并勤于思考。

明白这么多的东西之后，再仔细理清头绪，发现这些理论其实在自己的潜意识中早就有感觉，只是知其然而不知其所以然。通过学习，才算真正地把这些东西“同化”了，心里甚是开心。课程上的读书活动让我在思想上有一个新的提升。毕竟，明白了这些道理也就懂得了学习的方法，是一笔财富。意外的是，在读书的过程中，居然蹦出了几个新构思，让我深深地明白了读书的好处。看到了自己的不足，想对叶老师说一句：我还需要继续读下去，请您多向我们推荐好书。

徐源泉：我认为在“认识”的过程中，每一个环节的重要性都是不可言喻的。做为一名学习设计的学生来说，应该避免同化，多多顺应，这就是我的观点。就像对于一个新的设计任务，习惯上我们会拿已有同类产品的概念去套在新产品上，这样就无法达到创新的目的。我们应该学会把熟悉的东西陌生化，从原点开始我们的创新。刘传凯在《产品创意设计》一书中也提到了这一点，他认为对我们所设计的东西要给出一个新的描述或定义，比如“照相机”可以被叫做或理解成为“形象留存器”或“照片拍摄器”，这样的思路会更宽泛一些。突然之间，你会有更多的选择，更广阔的视野。因此，给一个事物普遍的更宽松的描述会使设计者重新界定此物体。刘传凯的观点也验证了皮亚杰的观点。把照相机定义成“形象留存器”或“照片拍摄器”就是避免了同化，从而转向顺应，也就是创新，在这方面我们要跳出名词的藩篱。

所以，我们应该试着跳出同化的框框。在设计时避免同化，选择顺应去适应新的概念，开辟出一条新的思路去创造，肯定会有惊喜地发现。甚至认为何不像小孩子一样去思考去看问题呢？小孩子头脑里的图式少，框框也少，当他遇到一个新的刺激时就会跳转到顺应阶段去适应新的事物，这样就更有利于新思维的产生。

庄夏麒：我认为“图式”就是一个积累动作和模式的过程。而“同化”则是将认识过程中的元素纳入自己的模式库内，也可以说是自己已有的模式结构，结构是预先存在的。最重要的一部分应该属于“顺应”这一过程，这是建立新模式和调整、修改原有模式，也就是说这是一个量到质的变化，是一个创新的过程。而“平衡”则是运用其原本模式和创新模式的阶段，在这个阶段可以运行自如。

就像学习犀牛三维设计软件，对我们来说是一个新事物。其软件模式在我们脑中还是存在的。各种产品的制作对我们来说是个“图式”过程。到了一定阶段，也就是积累了一定的能力后，开始吸收和改变其制作方法，这是“同化”与“顺应”过程，“顺应”过程主要是利用已知的制作方法改造和优化，最后的“平衡”过程是自由操作的阶段。对四个阶段的一个疑问是：“同化”和“顺应”从“平衡→打破平衡→再平衡……”的发展，认识“图式”也不断地由低级到高级发展。这句话是否可以理解为同化的过程中因为“图式”模式太少，需要不断再吸收新图式和创造新图式来达到平衡，创新也在这过程中体现出来？

陈鼎业：初步接触这个理论，我印象最深的就是图式的积累，要创造就需要一定的知识功底和一定的思维能力。为什么一些知名设计师都是阅历丰富的人呢？我想就是这个原因吧。结合自己的经历，感受颇深。在寒假里我参加了一个图标设计比赛，开始设计时，脑子里总会跳出一些有名的商标的图形，然后再慢慢结合设计的主题，在纸上比划一下，构造出一些基础图案和元素。由于对图标还是没有很直观的概念，所以最后设计出来的标志还是有些稚嫩，不够成熟，且图形也较为简单。现在网上公示投票，看了许多别人的作品，发现的确是不一样。从造型上来看，有些作品一眼看过去就能给人留下印象，并且富有文化内涵，而我的作品就显得没有深度了。上个学期帮学院里出了不少海报，但总觉得每一张都借鉴了一些别人的创意，缺少原创因素。学习“发生认识论”理论后，才知道这是正常现象。平时积累的多了，创新才会产生。我希望能够在学校学习期间多参观一些展览，多出去看看，哪怕是逛逛街都是一种积累。当然，也可以充分利用网络来增加自己脑中图示的数量，尽量充实自己。总之，“发生认识论”给我最大的启示就是要多积累。

郑文懿：从课程中接触了皮亚杰和他著名的“发生认识论”。由于知识水平和时间限制，我很难有较深的认识。但对发生认识论的四个基本概念，即“图式”、“同化”、“顺应”和“平衡”，颇有感觉。“图式”即客观存在，不断的认识，即积累图式的过程，“同化”即将客观存在纳入已有的图式里。若不能同化，就必须适应新的模式，就需要“顺应”，而“平衡”是同化与顺应两种机能的平衡。看似复杂，其实能用我们学习的经历来说明。例如，我们学数学，一般都有一些“例题”，这就是“图式”，积累“图式”，做习题就是“同化”过程，如果遇上难题，那就需要变通一下，用已有图式，建立新的图式，最后把难题解决。对于他的研究成果，我没有质疑，原因是他深入研究了，而我还是初步了解。但我有些疑问，人有时候遇到完全陌生的东西，用已有的图式都没法同化，就只能顺应，那我们一般所说的直觉又是什么呢？经验丰富的人判断事物时直觉往往很准（例如投资，用人……），如果说用已有的图式去同化新事物，那这样的图式应该比较特别一点，是自己的阅历在脑中的沉淀，而在关键时起了微妙的作用吧。我看发生认识论时，已自然而然地用脑里的图式尝试去同化，顺应它了。

老师：皮亚杰在他的著作中反复强调，“智慧就是适应”。这里所说的“适应”，包括图式、同化、顺应、平衡这四个环节。这表明：智慧包含在图式、同化、顺应、平衡这四个环节中，而集中表现在“顺应”这个环节中。平衡阶段的结束标准，决定着顺应过程的长短，决定着新图式定型的质量。顺应阶段是设计灵感生成和确定的环节，在这里表现出的是一种“最高形式”的智慧。直觉是指不经过逻辑推理而认识事物本质的能力，其实是主体在某个领域长期积累的经验图式基础上的综合判断，是创造性思维的集中表现。在灵感的生成中，直觉决定了新图式产生的方向和出现的路径，它也许非常有价值，也可能没有价值，甚至可能是错误的。刚才这位同学提到的经验丰富的投资人的直觉往往是很灵的，生活中不乏这样的人，但这些“很灵”的直觉是建立在“经验丰富”之上的，也就说他头脑中有关投资的“图式”积累到相当多的程度。也就是说，没有长期从事某个行业所积累的丰富经验，直觉判断就难以“准确”。

张峰：学了一年多的设计，感觉又回到了“基础”，回到了原点。很喜欢叶老师现在的上课方式，如果大家都能充满激情去讨论，毫不吝啬地发表自己的想法，让思维碰撞出智慧的火花，那么我们的设计课将成为激发创意的熔炉。发生认识论的四个基本概念：“图示”、“同化”、“顺应”和“平衡”是认识事物的基本顺序。从出生到成年，我们在认识一个新的事物之前，会不知不觉把日常生活或环境中不断重复的行为概括起来，形成一种概念。然后再去认识另外一个新事物，就会用这种概念去套，也就是同化。即便新的事物和旧的概念有很大差别，我们也会去改变或者建立新的类似概念去顺应，达到心理上的平衡。这就是我们大多数人的认识过程，无形之中把自己给同化了。不可否认，“同化”创造了很多奇迹，但是反复的同化最终会到达自己的“瓶颈”，尤其现在许多产品日趋“同质化”，太多的同化已经让人们产生“视觉疲劳”。既然同化已经变得多余，为什么不走一条看似“急功近利”的路呢？我们可以直奔“平衡”去，越过中间的“同化”和“顺应”。我的意思是指在图示的基础上，不再拘泥于旧的东西，而是主动去寻找大脑在第一时间产生的灵感，创造新的事物。我的感悟是：当今社会，人们越来越浮躁，大家巴不得“一夜功成名就”，学设计的也在进行“三级跳”，却把脚下的踏板给忘了。结果地基没建好，房子摇摇欲坠。知识在同化的同时，想法开始枯竭。人们还是不断地“视觉疲劳”。像一百多年前的包豪斯一样，踏踏实实地走好每一步，这样设计才不会“断节”。作为一个学生，我会端正态度，减少急躁心理，从基础做起，实现零的突破！

江海波：人是一种复杂而感性的动物，对于事物的认识应该是很复杂的一个过程。而皮亚杰的研究表明人对于新事物的认识过程看似如计算机运行程序般那样理性。但在生活中人们是否真的如此认识新事物呢？在小组讨论时大家起先都找不到例子，中途有人说最近有人发明了一种“潜艇车”，这种车可以在水中行驶。这立刻引起了大家浓厚的兴趣，这样的事物以前可能只有在科幻小说或电影中才能看到。对于设计者的这种创造行为，我突然想到，这不就是皮亚杰发生认识论重要概念的体现吗？设计者在创造这种“潜艇车”时，脑中应该会构想，这种玩意到底应该长什么样。它是车，但又不同于一般的车，它会潜水。如何使它下水正常行进呢？对于这样一种新事物（当然是构想中的概念式的新事物）如何想办法设计出来呢？原本的造车经验、技术似乎都解决不了问题。也就是同化过程失败了。这时候设计者势必要对原来的造车技术进行修改创新，引进了水下喷气系统，并加上呼吸设备为驾驶者和乘坐者提供氧气。这样就完成了一张完美的设计蓝图，最终制造出了成品。

类似的事例在设计行业中是非常普遍的。理解这个理论，对今后的设计应该会有很大的帮助。但我们是否一定要按照这种程式去搞设计呢。我认同自己以前读到过的一些设计理念，有时我们可以回到起点，回到“一无所知”的状态，对一种生活中常见的东西陌生化，重新对需要有这种功能的东西思考审视，以另外的形式去诠释这种东西。比如为什么电脑显示屏是方的呢，圆的行吗？显示屏用来干什么的呢？是用来显示各种信息的话，那么我们可以通过别的手段去实现这个功能吗？就像我们从来没有见过目前为止出现过的各种显示屏。最近读原研哉的《设计中的设计》，个人觉得很有道理，尤其是“再设计”的理论。

褚志华：“从原点看设计”是这次课程的重点。老师并不仅仅出一个课题，叫我们去做。而是改变以前的教学模式，从“基础”开始研究，探索设计思维的产生、发展的过程。对我来说，这种模式是非常适合的，也是必需的。结果固然重要，更重要的是过程。在课题设计之前，老师引领我们解读皮亚杰的《发生认识论原理》，刚开始看这本书，很多内容与哲学有关，非常深奥，很多地方都不能完全理解，但是经过仔细的品味，很有同感。在皮亚杰看来，人认识事物的发展顺序，从出生到成年都遵循这样的过程：每遇到新事物，在认识中就试图首先用原有的图式去同化，如获成功就达到认识上的平衡；反之，便做出顺应，即调整修改原有图式或建立一个新的模式，去同化新事物或新问题，以达到认识上的新的平衡。如果没有认识上的平衡，便没有认识的发展；认识的平衡是动态的、发展的。我认同这个道理，没有认识上的平衡，怎么可能有发展，有创新。我们设计也是一样的，只有不断地去“同化”，不断地去接触优秀作品，为创新做铺垫。但是皮亚杰认为“同化不能使格局改变或创新，只有通过自我调节才能起这种作用。”所以在不断欣赏大师作品的同时，还需要通过自我调节，自我分析，将他们的各种理念转化成自己设计的源泉。这样的认识才有效，只有不断地认识，不断地扩展自己的知识，在大脑中存储大量的知识，才会有产生设计感觉。此外，皮亚杰认为“活动既是感知的源泉，又是思维发展的基础。”我们只有通过不断地交流，不断碰撞，才能产生心灵的火花，使自己的思维不断地被激活。独自一人是很难做出好的设计，因为一个人的知识和能力毕竟有限，几个人在一起就可以互相取长补短，一个优秀的团队通过不断的碰撞才能产生心灵的火花。

田一禾：初读皮亚杰理论很难了解其精髓。如今读了第二遍，体会到了些许皮毛。首先，皮亚杰的教育观极为强调受教育者的积极主动性，而对传统教育方式，皮亚杰给予了批评。例如，“被动教育法”——教师主动地将知识传授给学生，学生只能被动地接受。而皮亚杰对学习的看法是，真正的知识乃是透过儿童，在环境中主动观察，探索，操弄得来的。而在被动教育法中，学生则缺少了一种主动探索，进行建构的历程，这并不是一个获取知识的好方法。皮亚杰认为传统教育乃是违反了儿童学习的自然规律，忽略了学习者在学习过程中的主观能动性。我觉得他的观点说得很有道理。首先，任何人都不愿意去做被动的事情，就算勉强去做也得不到最优的结果。在学习设计的过程中更是体现了这个道理。对一个要求或一个课题，我们不应当只是听老师怎么说就怎么做，而是应当主动学习。去了解它的内容和本质。当我们去探索它的内涵的过程，就是一个珍贵的学习过程。这样的主动学习过程才是受益匪浅的。

老师：本次讨论不求有一个圆满的答案，赞同、质疑甚至反对都可以。讨论本身就是一种学习、建构知识的过程。通过对皮亚杰理论的解读，让我们了解了这位世界著名心理学大师的研究成果。这个理论事实上还催生了“建构主义教学思想”——目前欧美发达国家教育界流行的学习理论，其核心思想是以学生为主体，以教师为主导，鼓励学生自主学习、自主探究。由此可见一种新理论可以带来新的方法、新的视野的产生。建议同学们去图书馆借阅有关书籍，对我们怎样主动学习，安排好大学生活一定会有很大的帮助。

第2章 自然构造

· 教学内容：自然界构造原理的研究。

· 教学目的：1. 用视觉思维进行观察、联想和研究；
2. 提高对大自然认知的敏感度，激发好奇心；
3. 通过资料调研、观察、动手制作的过程，加深对构造的认识与理解。

· 教学方式：1. 用多媒体课件作理论讲授；
2. 学生以小组为单位，进行实物观察、构绘，教师作辅导和讲评。

· 教学要求：1. 通过学习浏览相关资料信息，掌握观察研究的方法；
2. 加强视觉表象的存储训练，以提高和丰富想象力；
3. 学生要利用大量课外时间去图书馆、上网搜寻和选择动植物资料。

· 作业评价：1. 敏锐的观察分析能力及理性表达；
2. 能体现观察描绘过程，而不仅是对现成概念的模仿；
3. 研究视角清晰。

· 阅读书目：1. [美]希特凡·希尔德布兰，安东尼·特隆巴. 铿铿宇宙[M].沈葹译.上海：上海教育出版社，2004.
2. [英]特奥多·库克. 生命的曲线[M].周秋麟等译.长春：吉林人民出版社，2000.
3. [日] 杉浦康平. 造型的诞生[M].李建华，杨晶译.北京：中国青年出版社，1999.

人是从自然界进化而来的，是自然界的一个组成部分。同时，人又要依靠自然界而生存，因为人与自然界之间的物质交换是人生存的前提。人类的一切造物活动都是在大自然的启迪下，并在改造自然中使之适合人类的生存和发展，人类社会也获得了进步。

今天的世界已经是一个自然、人工环境混合的物质世界，这表明人类有能力通过对自然结构的理解，并利用这些结构原则创造出丰富的人工物质世界。人类对于自然界的了解越深入，在利用这些构造规律方面的能力就越强。

2.1　自然的启示

面对自然界，人类总是充满着好奇：共存于同一个世界里的动物、植物、有机物和无机物各具特色，在这看似混沌中似乎存在着某种秩序，吸引着人类去寻找这种种形态后面的成因：为什么是这样，而不是那样？为什么比我们想象的更为优越？看似相似、其实又各不相同，其原因何在？

我们通常把圆形、方形、三角形作为基本型来解释世界万物。很久以来人类却唯独把圆形或球体看作是完美的形态，认为是人类心灵的终结和谐的象征。比如天体运动，还有比圆周运动更合适、更为永恒的方式吗？认定天空中的行星各自必定沿着完美的圆周运动。而所有这一切，古人最终把球体及有关的圆周运动归结于是神的创造。

即使在今天，球体或圆形还是普遍被人所喜爱。对儿童吹起的五光十色的肥皂泡投以惊喜神情，对风雨浸刷的鹅卵石、花瓣上晶莹的水珠等等球体更是钟爱，为什么这些形态不以立方体或其他形式存在呢（图2–1、图2–2）？

通过长期的观察和研究发现 ：球体结构比立方体或其他形状的结构更稳定，任何物体在表面积相等的条件下，球体占据的体积最大。西瓜、苹果等都是近似球形，这种形态可以以较少的表面储存更多的汁液，并使表面蒸发量为最小。所以，球体得以存在，首先要依赖于内部的力，或称之为内力，同时在自然空间中，物体又要受到外力的作用，当内力与外力达到平衡时便是我们所看到的形态。所以，形态应是内力和外力平衡的结果。正如苏格兰博物学家达西 · 汤普森在其《生长与形态》中所说：“任何领域的物质，无论是有生命的还是无生命的，其形态及其在运动或生长的过程中所出现的变化，就一切情况而论，都可同样地描述成出于力作用之故。简言之，一个客体的形态就是一幅‘作用力图’”。

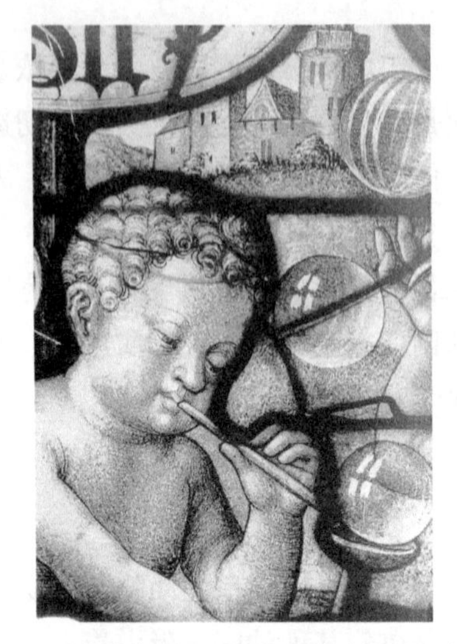

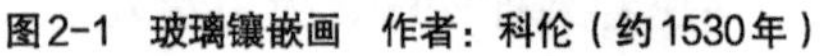

图2-1　玻璃镶嵌画　作者：科伦（约1530年）

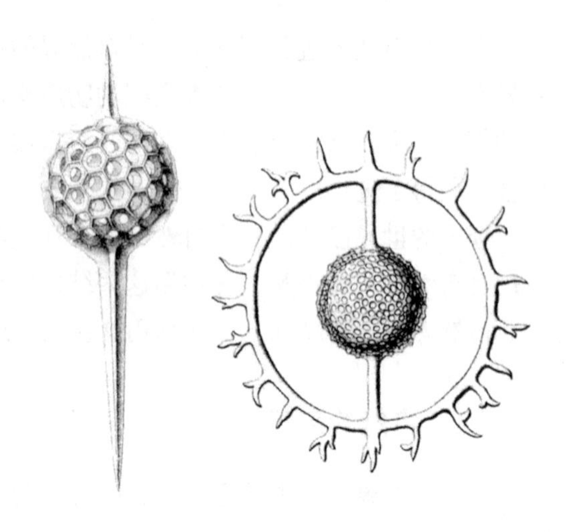

图2-2　放射虫

自然界的任何物体的形态都是由其内在生命力和生存环境的各种外力塑造而成的，其形态构造是与这两种力的共同作用的结果。也就是说，一切生物的存在均有其发生、发展的规律，经过了千百万年的运动和进化，才形成我们所看到的千姿百态的自然世界。

思考题03：

· 我们究竟要向自然学什么？

· 研究自然形态的目的和意义是什么？

2.2　自然形态的构造

自然界的各种生物通过千万年的自然选择，获得了自身延续的合理形态，在显现出和谐的美感的同时，给人类的造物活动带来丰富的联想和启发。对于我们来说，最重要的不是模仿自然生物的千姿百态的造型，而是要理解种种形态的构成原因，唯有此才能够真正地创造出优美的形态和合理的构造。下面就以具有飞行能力的生物为例来阐述自然形态的形成与构造的关系。

研究资料表明：现在地球上三分之二的物种具有飞行的能力，而这些生物不是天生就具备飞行能力的。在20亿年的地球生物历史中：无脊椎动物中的昆虫是在3亿年前翱翔蓝天的；脊椎动物中的鸟类是1.5亿年凭借长有羽毛的翅膀飞上了蓝天；而作为哺乳动物的蝙蝠则是在5000万年前利用由四只手指延长形成的翅膀也飞上了天。尽管昆虫、鸟和蝙蝠同样是具有主动飞行能力的动物，但是它们的翅膀构造是各不相同的（图2–3）。

下面就通过解析这三类飞行生物中的某些构造，引起我们的思考：向大自然学什么？事实上，一百多年来人类为了飞上蓝天，从来没有停止过对这些“飞行大师”的摹仿和研究。

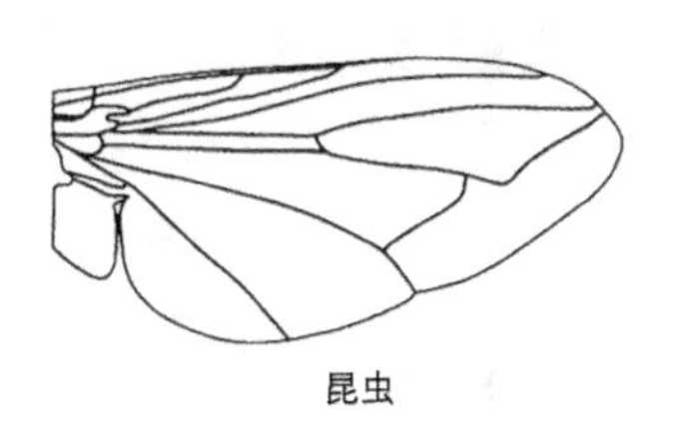

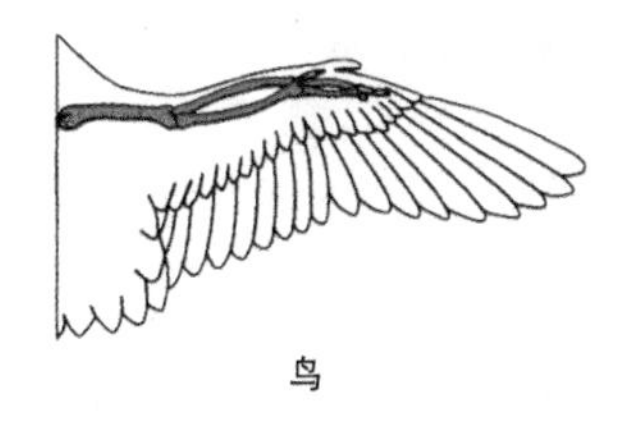

图2–3 翅膀的构造

2.2.1 昆虫的翅膀构造

昆虫几乎占据了所有的陆上生态环境，海洋是昆虫唯一分布数量较少的地方。其数量超过所有其他动植物的总和，大约是其他动物的1 ~ 4倍。飞行能力的获得是昆虫繁盛的重要因素之一。昆虫在种类、数量及栖息的生态环境上获得如此大的优势的原因是什么？是翅膀！是翅膀帮助昆虫寻找新的食物资源和配偶。有了食物资源使昆虫具有了个体生命进行延续的可能，寻找到配偶使昆虫可以繁殖后代、延续种族。在某种程度上，正是由于翅膀使昆虫能把寻找食物和繁殖后代这两大生命基本要素发挥到极致。

在所有的飞行器的设计研究中，昆虫的翅膀可以算得上一个优秀翅膀的典范。它的大部分是由极薄的、具有弹性的表皮细胞构成的“膜”，这个膜由总体呈纵向排列的脉管支撑。这在结构上非常类似于帆布，而脉管相当于支持帆布的木质框架。昆虫一个典型的翅膀形状呈近似三角形，具有 3 个边缘和 3 个角。其中 3 个缘是前缘、内缘和外缘； 3 个角是肩角、顶角和臀角。

有些昆虫为了适应翅的折叠与飞行功能，翅上演化出 3 条褶线：基褶、臀褶和轭褶；同时这 3 条褶线又把翅膀分成 4 个区：腋区、臀前区、臀区和轭区（图2–4）。对绝大多数昆虫而言，一套直接与翅膀发生联系的肌肉是直接翅肌和间接飞行肌肉，它们发挥的作用是不同的。蜻蜓的直接翅肌可以直接引起翅膀的向下运动，可以使翅膀或前肢产生腹向运动。而绝大多数昆虫的直接翅肌不是为昆虫提供动力，而是调整翅膀的形状、曲面拱高和冲角等。实际上昆虫真正的飞行动力来自于一对间接飞行肌肉：背纵肌和背腹肌。它们是与昆虫飞行有关的两组重要肌肉，为昆虫的飞行提供了几乎全部的动力来源，控制着翅膀上下拍动。通过它们的收缩和舒张引起一个相对运动，完成翅膀的上扬和下拍动作（图2-5）。

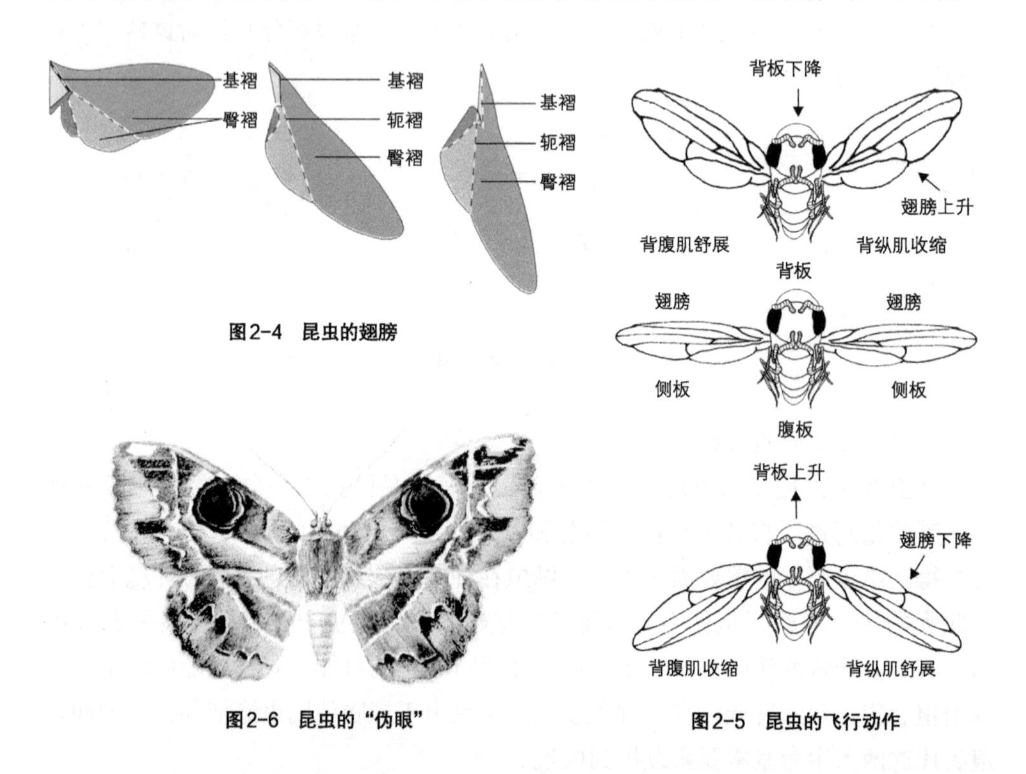

图2-4 昆虫的翅膀

图2-6 昆虫的"伪眼"

图2-5 昆虫的飞行动作

除了飞行，昆虫的翅膀还有其他许多功能。蝴蝶的翅膀就像是一部漂亮的跑车，不仅是交通工具，还可以吸引配偶；一些蝉和蚱蜢的翅膀也是乐器，可以在浪漫的夏夜里鼓动翅膀，给配偶哼唱小夜曲。有的昆虫翅膀上"伪眼"的欺骗功能足以吓退它们的捕食者，因为该"伪眼"与捕食者天敌的眼睛十分相像（图2-6）。有的昆虫翅膀也可以制造出"声音武器"，其声音之大，与体形及其不相称，足以吓退敌人。有的昆虫翅膀上有特殊的"羽毛"状鳞片，具有强大的"消声"功能，即使是蝙蝠的强大声呐也难以奏效。

2.2.2 鸟类的身体构造

大自然在给予鸟类飞行能力这个恩惠的同时，也给予鸟类更加严格的生存戒律，鸟类身体结构的设计与构造、它的任何系统、器官、组织、细胞等等，都必须服从飞行这个目的。飞行这种运动方式要求鸟类的身体构造比哺乳动物更具有同一性，这是大自然假借空气动力学原理对飞行生物严格要求的结果。鸟类之所以变成飞行器，主要得益于大自然对下列器官进化的赐予：羽毛、翅膀、中空的骨骼、内温性、独特的呼吸系统、大而有力的心脏和强大有力的胸肌等等。这些适应性变化的基本目的只有两个：高动力和低重量（图2–7）。

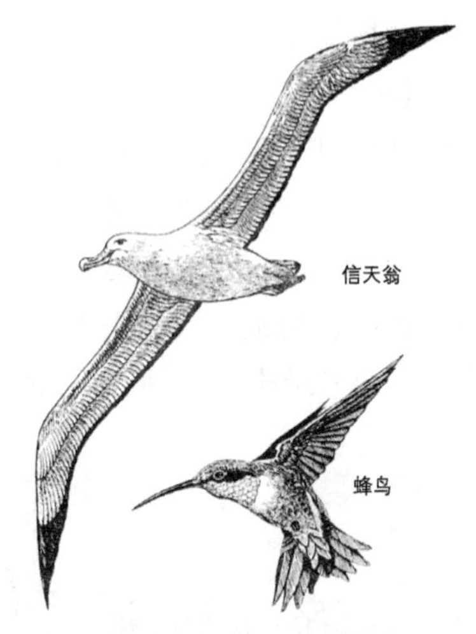

图2–7　信天翁和蜂鸟——蜂鸟的胸部飞行肌肉占体重的1/3，而信天翁这类主要凭借上升气流而滑翔的鸟类则有另外的适应途径

鸟类的骨骼重量只占它们体重得很小比例，有的鸟类的羽毛重量甚至超过了它们的骨骼重量。事实上，鸟类同样既需要巨大而又强壮的胸骨供胸肌附着，也需要较大的骨盆来支持两条运动的后腿，飞行对强大骨骼的需求与翅膀对羽毛的需求一样重要。那么鸟类是如何减轻骨骼重量的？虽然鸟类的骨骼相当轻盈，但是它的强度和韧性足以应付空中飞行所需的巨大和突然的压力。鸟类骨骼的这种强度高、材质轻的特点，主要得益于它们的中空而壁薄的骨骼系统。

图2–8　兀鹫翅膀上的掌骨

英国博物学家汤普森在《生长和形态》一书中对鸟类翼骨做了这样的描述："鸟类长长的翼骨中，骨腔是空心的，只有一层薄薄的生命组织内衬于骨壁之上，在这些生命组织中间，还分布着细小的交错的骨小梁，形成精致的格构，即所谓的'网状骨质组织'"。如图2–8所示是兀鹫翅膀上的掌骨，其构造完全可以和建

筑上的桁架相媲美，与飞机上主翼肋的构造相仿。“鸟类的掌骨虽然纤小，但在支撑长长的初级飞羽时仍很有用，而在为翅膀端部形成了一个硬轴。尽管简单的管状结构很适合长而纤细的肱骨，但在需要更有力的加劲物的地方，就有点不足了。在解剖学的力学方面，没有什么东西可以和兀鹫的掌骨相媲美。工程师在其中看到了完美的沃伦桁架，就是飞机上常用作主翼肋的那种。不仅如此，兀鹫的掌骨还胜过桁架，因为人类只能把支杆全部架设在一个面上，而在这种掌骨中，它们形成三维构型，具有无与伦比的明显优势。”（图2-9、图2-10）。

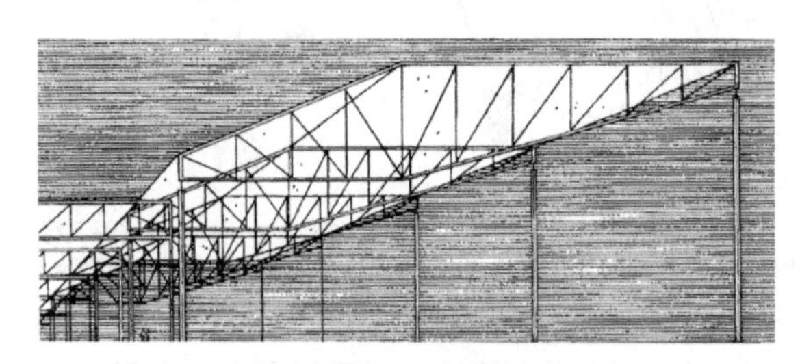

图2-9　建筑中的桁架结构

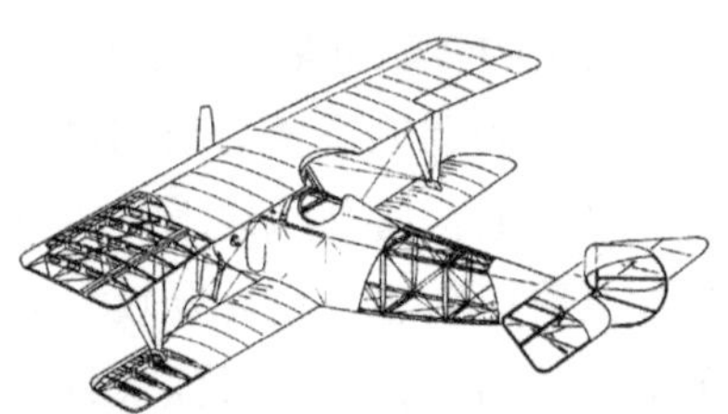

图2-10　机身和机翼的网状结构

羽毛应该是鸟类适应飞行生活的最具独特性的构造了。它为鸟类提供了流线型的外表，在体温调节、减少重量等方面都具有重要的作用，特别是鸟类的升力和推力的输出都来源于主要由羽毛构成的翅膀。如果仅就羽毛的重量而言，它可能比人类设计的任何飞行机翼都要完美和结实。作为翅膀的主要组成部分，许多鸟类的初级飞羽和次级飞羽不仅与其他翼部羽毛共同构成鸟类飞行的推进器，而且每一枚单独的羽毛本身同样具有空气动力学的外形，甚至可以提供摆脱重力束缚的升力和前进的动力。（图2-11）在降落和起飞时，鸟的初级羽末端可以相互分离，形成翼缝，避免失速的发生。人类在花费相当长的时间、大量的财力、甚至许多生命后才知道飞机起飞和降落时翼缝的重要性，而在这一点上，即使是最不起眼的麻雀、家燕也做得非常完美、无可挑剔。

图2-11　大雁

2.2.3　蝙蝠倒吊的生理构造

相对于昆虫和鸟类，蝙蝠是飞行生物中的

后来者。蝙蝠进化的结果是它们在结构和生理上仅适应于夜间活动，已经把自己排除于对日间生态位资源的利用之外。这其中的一个主要原因可能就是在蝙蝠之前已经演化出飞行能力的脊椎动物——鸟类是基于视觉的，并且这种日间飞行能力的演化已经使鸟类成功的占有了所有日间的飞行脊椎动物的空间生态位资源。当一个原始蝙蝠在具有强大飞行能力的鸟类面前是无法存活的，蝙蝠只有在夜晚活动才能躲开这些捕食者。所以，蝙蝠进化出非常发达的回声定位系统，为了躲避天敌，蝙蝠还有一种独特的“倒吊的生活方式”。

蝙蝠的通常休息姿势是头向下，通过后趾爪倒吊在岩壁、树枝或其他凸出物上；在身体变换姿势时，通常利用前肢的趾爪帮助后肢共同完成这个动作。蝙蝠白天利用这种姿势睡觉，温带地区的蝙蝠也可以通过这种姿势进行冬眠。此时，翅膀紧紧地收紧在体侧，可以把身体完全包裹起来。即使是母蝙蝠的产仔也是利用这种倒立姿势，而刚出生的幼仔也天生具有攀爬的本领，刚出生就可以用四肢牢牢地抓靠在母亲的身体上。

为了适应倒吊于高处的生活方式，蝙蝠的后爪还演化出一种特殊的“自锁”装置。这样它们在休息时不用收缩任何肌肉，后爪就会牢牢地抓握在树枝或岩壁上。该装置的一个重要结构是后肢爪具有一个侧扁的腹方突起。蝙蝠的长跖肌韧带得远端就连接在该趾爪的腹方突起上。这样，以趾爪的关节为基点，到该腹方突起就有一个较大的力矩（图2-12）。

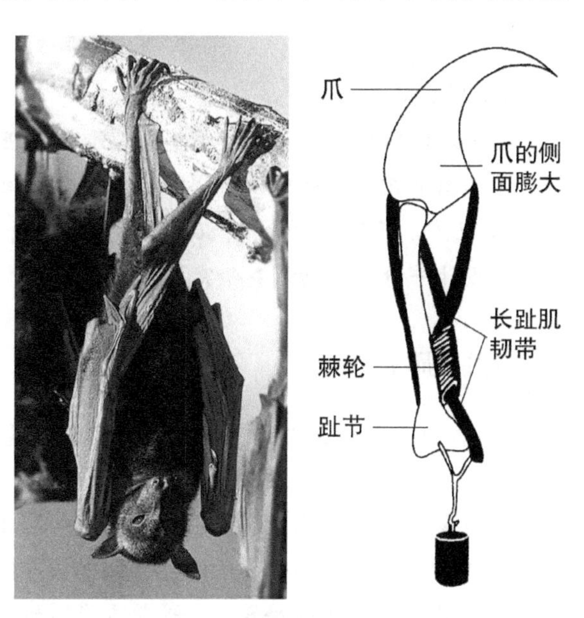

图2-12　蝙蝠倒吊的“自锁”构造——蝙蝠休息或休眠的标准姿势。利用趾爪倒吊在岩崖上，翅膀紧紧地包绕在身体周围。蝙蝠的后爪具有设计巧妙的自锁装置，在倒吊休息时不用肌肉收缩而保持能量

如果该长跖肌韧带向下牵拉，就会使趾爪以它的关节面为基点向下勾曲。这可能是所有具有活动趾爪的动物都具有的一种能力。但是蝙蝠与趾爪相连的趾节的腹面具有一个特殊的棘轮似的管形构造。它是由19 ~ 50个连在一起的环共同构成，长跖肌韧带就在这一系

列的环中穿行。当长跖肌收缩时，就迫使韧带上非常粗糙的表面压贴到该管形构造内部的环状脊上。其后，即使长跖肌舒张，仅靠蝙蝠的自身重量就可以把长跖肌韧带牢牢地锁扣在棘轮上，从而使趾爪呈勾曲状态。同时在该棘轮的背方和腹方也存在着一种辅助装置，帮助收紧棘轮的内径，提高它的功用。这种锁扣装置如此有效，以至于蝙蝠在死亡后还可以吊挂在树枝或岩壁上（图2-13）。

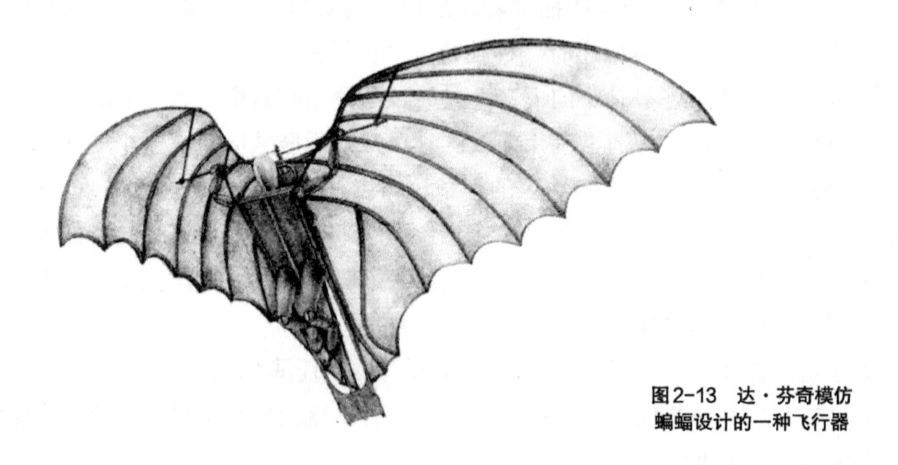

图2-13　达·芬奇模仿蝙蝠设计的一种飞行器

思考题04：

· 用发现的眼光从动物、植物或人造物中任选一件作素材；

· 从图书馆、互联网上获得尽可能多的详细资料，用图解方式手绘出该物的构造原理并分析其机能特点、及对设计的启发；

· 设计一份《生物调查研究报告》

2.3　师法自然

远在有文字记载的历史以前，人类就为生存而模仿生物的行为，用类似动物“爪”那样的粗糙石头作为武器，猎取食物，以求生存。古人通过观察鱼和其他水生生物在水中自由地游泳，就用树木仿照鱼的体形做成能载人的船，又用两叶桨放在船的两侧以模仿鱼的胸鳍，用橹放在船尾代替鱼尾的摆动。在古代科学技术中较重要的模仿就是轮子。这是人类看到自然界那些圆形的果实和石子，当水冲或风刮得转了起来时候，就被人类无意中采用了，后经过长时间的模仿才逐渐形成了轮子，到了公元前3000年，轮子在制陶业和运输业中得到广泛应用，

图2-14　尼龙搭扣

它可算是现代机械的祖师爷。古代是如此，今天的设计也是如此。人类不可能完全脱离大自然来获取需要的信息，大自然就是最好的导师。

人类社会的发展可以说是不断向自然模仿、学习的过程。直到20世纪60年代，诞生了一门独立的学科——仿生学，专门研究生物系统的结构特征、能量转换和信息过程获得的知识，用来改善和创新人工制品的技术功能和构造原理。已取得了许多令世人瞩目的成果。回顾人类造物史，有许多著名设计直接应用了仿生学原理。一个生动例子就是瑞士工程师梅斯特劳在20世纪40年代从粘在自己裤子和爱犬耳朵上的牛蒡草获取灵感，发明了尼龙搭扣（图2-14），今天这个看似简单的产品已广泛运用在人们的日常生活中的许多方面。

另一个例子：在研究开发超音速飞机时，设计师们遇到一个难题，即所谓"颤振折翼问题"。由于飞机航速快，机翼发生有害的颤动，飞行越快，机翼的颤振越剧烈，甚至使机翼折断，导致机坠人亡。这个问题曾经使设计师绞尽脑汁，最后终于在机翼前缘安放一个加重装置才有效地解决了这一难题。使人大吃一惊的是，小小的蜻蜓在三亿年前就解决了这个问题。仿生学研究表明：蜻蜓翅膀末端前缘都有一个发暗的色素斑——翅痣。翅痣区的翅膀比较厚，蜻蜓快速飞行时显得那么平稳，就是靠翅痣来消除翅膀颤振的（图2-15）。

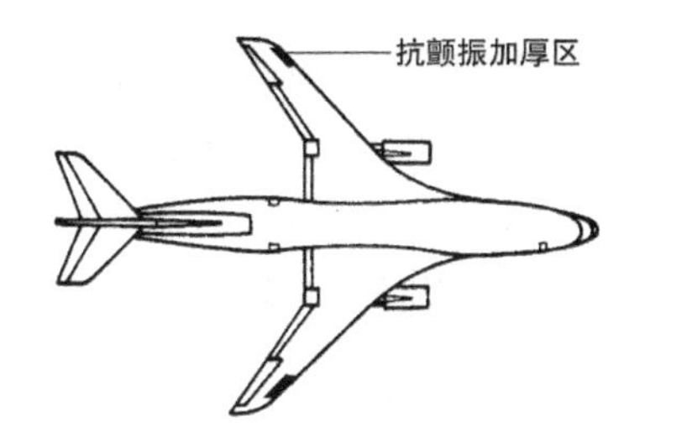

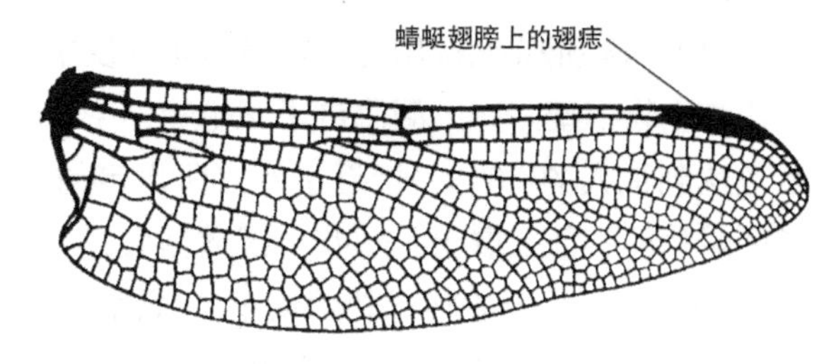

图2-15　蜻蜓翅痣与飞机抗颤振加厚区

科普作家杰宁·贝纳斯在她1997年的著作《仿生学》中写道："和工业革命不同，仿生学革命带来的不是一个我们从自然界中获取什么的时代，而是我们从

图2-16　硬鳞鱼

自然中学习什么的时代。”

2005年推出的“奔驰仿生概念车”的开发理念、过程就是将仿生学原理具体运用在汽车设计的成功案例。

项目开始之初，设计师们就决定在大自然中寻找一种合适的生物作为模拟对象，理想生物的特点描绘为：不但在细节上要符合空气动力学，而且在安全、舒适及与环境相协调，而且在外形和结构上也要融合。最终这个生物模拟对象被选定为一种在热带生活的硬鳞鱼（图2-16）。

硬鳞鱼生活在珊瑚礁、礁湖和海藻群中，在那种环境中生存，它们必须以最少的能量损耗去游动，保持自己的体力，就需要具备强壮的肌肉和流线型的身体结构；必须抵抗高压并在碰撞中保护自己，需要坚硬的外表；还必须在有限的空间范围内寻找食物，需要有良好的机动性。

除了上述优点外，硬鳞鱼更令人满意的地方是：虽然身体长得矮矮胖胖，但其形态构造很符合空气动力学原理，其立方体形的身材没有任何阻碍。它的外表有大量骨质的六角形鳞片，这些鳞片连接而成一套坚硬的盔甲。这套骨质的盔甲构造令其身体非常结实，保护其不受伤害，而这也是它具有出色的灵活性的原因。其身体的上部和下部边缘处形成许多小漩涡，在任何位置都能保持稳定，并在风浪的任何部位中能保证安全。在这个过程中不需要移动鳍，有效保存了体力。这些生物优势都能应用在具体的汽车设计中，设计师们在位于斯图加特的塑模中心照着硬鳞鱼的样子做了一个模型，结果它的风洞测试系数仅为0.06。

为了能够充分挖掘出仿生学在汽车开发中的潜能，设计师首先制作了一个1比4的生物模型。在风洞测试中该生物模型打破了汽车动力学的一般规则，风阻系数达到惊人的0.095，接近了专家所设定的地面空气动力学的理想值。在研究了硬鳞鱼的特征及取得了一些关键数据后，设计师就顺利地设计出一辆基于硬鳞鱼的全尺寸、适合道路行驶的汽车。这辆汽车拥有双门、4个舒适的座位、全景挡风玻璃、顶棚玻璃天窗和后当板。

完成后的这辆概念车外形看起来确实有点特别，而且很有可能给未来的汽车设计带来全新的设计理念。经过风洞测试，它的风阻系数仅为0.19。这个数字在同级车型中是绝无仅有的（图2-17）。

图2-17　奔驰仿生概念车

实验课题01：动作解构

· 在网上、图书资料中收集生物资料；

· 以“咬”、“握”、“抓”、“跃”、“跳”、“游”等动作为主题；

· 并以图解形式收集在速写本上；

· 从资料收集中选择一个“动作”用瓦楞纸等材料“模拟”出来；

· 设计制作版面，内容包括：手绘资料、模型照片，及简要说明文字。

第3章 人造物的构造

- 教学内容：人造物的构造原理和方法。
- 教学目的：1. 从文化角度观察人造物的发展，提高对生活形态的研究能力；
  2. 通过对人与物关系的研究，激发对造物的理解；
  3. 通过资料调研、观察和制作的过程，加深对人造物的认识与理解。
- 教学方式：1. 用多媒体课件作理论讲授；
  2. 学生以小组为单位，进行实物观察、构绘，教师作辅导和讲评。
- 教学要求：1. 从事理学的角度观察和研究人造物的发展历史；
  2. 通过视觉意象转化的训练，提高和丰富想象力；
  3. 学生要利用课外时间去图书馆、上网搜寻和人造物资料。
- 作业评价：1. 敏锐的感知觉能力及清晰的表达；
  2. 能体现思考过程，而不是对现成概念的模仿；
  3. 构思新颖，视角独特。
- 阅读书目：1. [美]亨利・佩卓斯基. 器具的进化[M]. 丁佩芝译. 北京：中国社会科学出版社，1999.
  2. 柳冠中. 事理学论纲[M]. 长沙：中南大学出版社，2006.
  3. 杨砾，徐立. 人类理性与设计科学[M]. 沈阳：辽宁人民出版社，1987.

有史以来，人类是何时开始造物活动、如何进行形态创造、世界各地的历史、文化对造物活动产生哪些影响，始终是吸引人们思考的巨大谜团。人造物的创造从古时的打制石器到现代的数控成型，其目的是创造出对人类自身有用、有益的物品与生存环境，以有利于自身的生存和种族的繁衍。那么，究竟有哪些因素造成了世界各地在器物构造上的各种差异？古今中外的建筑也许是很有说服力的例子。梁思成先生在《中国古代建筑史》一书中谈到：建筑显著特征之所以形成，有两因素，有属于事物结构技术上之取法及发展者，有缘于环境思想之趋向者。（图3–1）可见结构对于建筑特征的形成是一个重要的基础元素。但在构造的方法上，各阶层的人们会更多地注意到政治、文化上的种种需求。

图3–1 杰罗姆教堂 月球和地球的半径之比为3 : 11。这座瑞典哥得兰教堂的正门比例就是这个比例。人们把3乘上11得到33，在爱尔兰与挪威的传说里，常常出现33位武士

3.1 文化因素

文化是个极其宽泛的概念。在人类的社会生活中，各种现象无不与文化相关联。从衣食住行到人际交往，从风土民俗到社会体制，从科学技术到文学艺术，一切由人所创造的事物，都是一种文化现象。由于文化现象包罗范围的广泛性和构成成分的复杂性，加之对它的研究视角、观点和方法的不同，使得对文化概念的界定极不相同，导致了对“文化”两字的解释是众所纷纭。在众多的论述中，美国学者克鲁克洪（C.K.M.Klockhohn）的论点对我们也许有启发意义：“文化是历史上所创造的生存式样的系统，既包含显性式样又包含隐性式样；它具有为整个群体共享的倾向，或者在一定时期中为群体的特定部分所共享。”

在现实生活中，当我们在“麦当劳”、“肯德基”这样的快餐店用餐时却实实在在体现到了中西方“文化”的差异：在里面没有人用筷子作为餐具。学者往往把“筷子”和“刀叉”来形象地比喻中西方两种不同的文化形态，人类文化学的

研究者甚至把这两种绝然不同的餐具构造与人的用餐方式——“合餐制”与“分餐制”对应起来，这些形象地比喻恰好印证了人类的造物活动离不开生活方式和文化观念上的需求。

很多人认为，中国历来是用筷子用餐、围桌而食的“合餐制”，而西方则是“分餐制”。近来，学者禅风儿的研究成果颠覆了这一论点，认为：中国自古本是分餐制，到了北宋以后才进化到如今的合餐制，我们的祖先也曾与现代西方人一样，是用刀叉而非筷子！对中西方饮食文化的探讨显然不在本书的研究范围之内，在这里不作展开。但我们可以从下面的研究成果中了解到社会文化、生活方式的进化与器具构造有着怎样的密切关系。

得出上述结论的依据可以从古代的画像砖中看到（图3–2），聚餐时，人们分别就坐于各自案几的后面，彼此间隔着相当的距离，各有一套相同的饭菜，各吃各的。著名的“鸿门宴”，就是这种典型的分餐制。

图3–2　东汉宴乐画像砖（四川成都出土）

而从北宋变到合餐，始诸唐代，完成于宋代。这个转变，是社会发展进步的结果——分配方式的演进。这是由分餐向合餐过渡的一个最基本条件。当食物相对匮乏时，“按人均分”是比较合适的分配原则。要获得平均，就需要在就餐之前将食物分为相等的若干份，这便形成了原始的分餐制。而毕竟人的情趣、口味、习惯不同，所需不同，待食物相对丰足后，人们便有条件按照自己的不同喜好进行选择，即“各取所需”。这是最适合于合餐的分配方式。

原来我们的祖先也曾与现在西方人一样，是用刀叉而非筷子。刀叉要同时使用左右手，因此人与人之间要保持相当的距离。同时刀叉只适合于近距离的传输，大概也就限于从胸前的盘子到嘴之间。如果这个距离按合餐制的要求，至少要延长到嘴到桌子的中心，也就是说至少要比桌子的半径更长。显然，刀叉承担不了这个距离的传输功能。而筷子出现后，合餐就方便多了。从这个角度，我们可以这样理解，西方人至今仍然是用刀叉进食，与他们保持分餐制是互为因果的。

而与人的生活方式紧密相连的建筑和家具的构造，也随着用餐方式的变化在不断演进着。最初，厨房和餐厅是一体的，人们习惯于在房屋之内置备一火塘，将炊具架于火上，待食物煮好，就由固定的人来分配，大家围火而食。这里既是炊事中心，又是进食场所。到春秋战国时期，厨房和餐厅的分工已普及。这个分工推动了餐食制作的精细化，减少了就餐者以前必须完成的很多进食工序。比如食客对大块熟肉的切割、去骨等粗笨费力的工作，现在可以在厨房里完成，餐厅摆放的是精细处理后的餐食。可以试想一下，无此分工之前，若采用合餐，对于一般的家庭四五个人（事实上，古时的家庭不分家，通常是多于四五人的），在同一个食器里，手舞足蹈地切割同一盘食物，似乎是自寻烦恼，而有了这一分工，人们只需从同一食器里取得自己想要的食物就可以了。

很早以前我们是没有桌椅的。此前，古人们习惯于“席地而坐，凭俎案而食”，就是把芦苇编成的席子铺放在地上作为坐具，面前放置俎或案以盛放食具等东西作为食案，吃饭是在席上跪坐着吃，即所谓“跽坐”。游牧民族进入中原后，与中原地区的文化相互融合、影响，带来了新的家具。早在东汉后期，游牧民族的胡床（一种比较低矮的座椅）就已传入中原。这种椅子的应用使原来的跪姿转变成了坐姿，这样，矮小的俎案就不再适应坐姿变化的要求，便渐渐地被淘汰，我们可以从东魏石刻（图3-3）中看到这样的场景。而且，这时的房屋较以前更加高大起来，正好需要高大家具的配合。于是大案高桌开始出现并迅速发展。那么，如果再沿袭原来的分餐制，每人都要有一套高大的桌椅，四五个人或许还可以（其实已经很拥挤了），人数再多就会拥挤，占用空间多，何不合而为一，同盘而食呢？从上面的论述中还可以得到另外一个结论，邻国日本是从我国唐代起与中国大陆有广泛的交流，那个时候的唐代还盛行“席地而坐，凭俎案而食”的生活习惯，所以在日本至今还保留着席地而坐的“榻榻米”和与之相配的低矮家具。到了明代我国才把具有“大案高桌”特点的硬木家具发展到顶点，成就为人类造物文化中的经典（图3-4）。

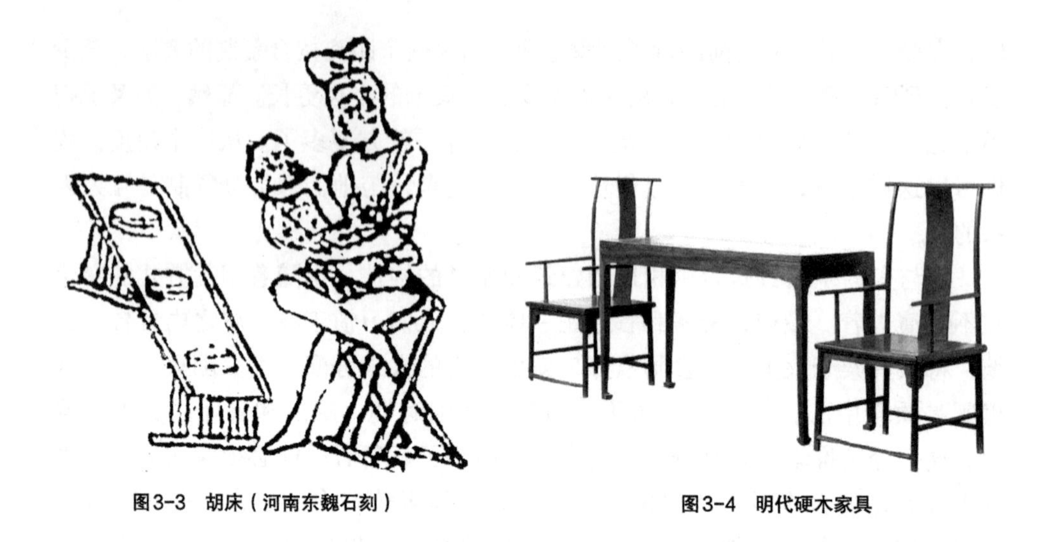

图3-3 胡床（河南东魏石刻）

图3-4 明代硬木家具

用餐方式、建筑、家具等作为人类特有的文化现象之所以得以保存和传承下来，其中的奥秘在于人的实践活动是工具进化的过程。就像黑格尔在《逻辑学》中指出的那样："手段是比外在的和目的性的有限目的更高的东西——锄头比由锄头所造成的、作为目的的、直接的享受更尊贵些。工具保存下来，而直接的享受却是暂时的，并会被遗忘。"这是因为作为实践手段的工具，不仅传递着人类的实践经验，规范着主体的活动方式，同时塑造着人的文化心理结构。工具以外在的感性物质形式是文化凝聚其中，保存和传播开来。

构造设计作为人类实践活动中的手段历来被"文化"的方式传承下来，并构成了"文化"的一个组成部分。在人类造物历程中，还有一种现象：同样一种构造在不同的文化背景、历史发展时期以不同的形式出现。比如有一种X型、具有折叠功能的木结构在日本冲绳被用作"枕头"（图3-5），一种将要失传的民间用具，证明有相当长的历史；而在不同文化背景下的印度，则被用作阅读回教《古兰经》时所使用的书架（图3-6）；在"榫卯构造"闻名于世的中国是一种典型的民间折叠木椅（图3-7）。不管以什么样的"生活用品"模样出现，这种构造的特征是：不用一颗钉子、不用胶粘剂等，完全利用木材的特性和构造本身的优势构筑一个稳定的结构。该结构在上个世纪末被欧洲设计师借鉴，设计了名为"禅座"作品（图3-8），并获得1991年挪威优秀设计奖。该作品的设计理念是："为冥想者而设计。灵感来自深远、空无、极简、普度众生的禅宗思想。"—— 一个地道的东方文化概念。

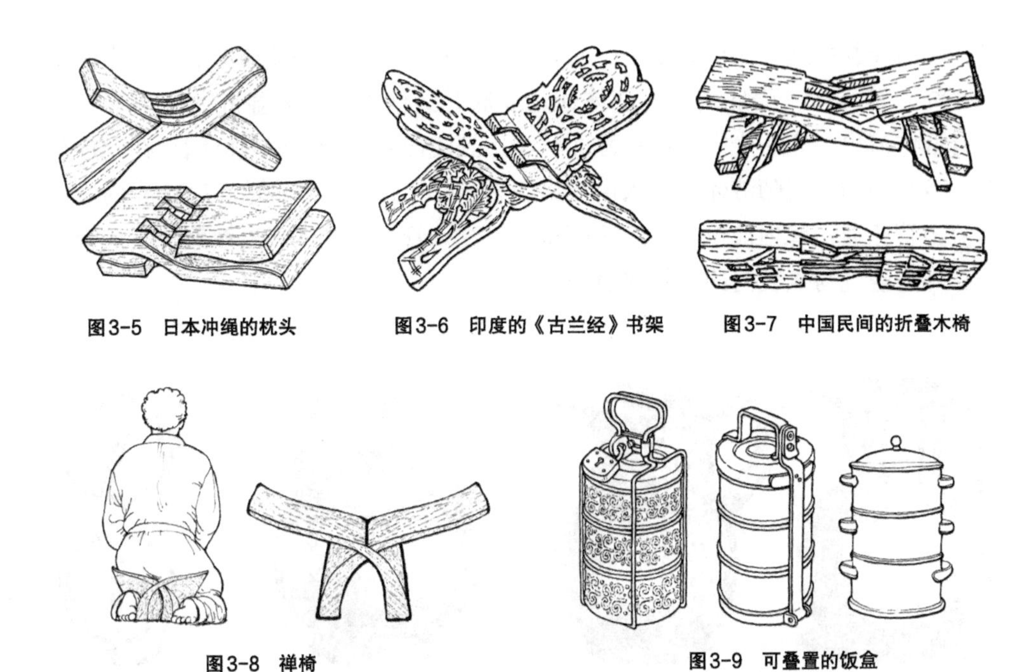

图3-5　日本冲绳的枕头　　图3-6　印度的《古兰经》书架　　图3-7　中国民间的折叠木椅

图3-8　禅椅　　图3-9　可叠置的饭盒

如图3-9所示的是可叠放的饭盒，用于把热饭热菜送到用餐者手上。这三款产品构造大同小异，但来自不同的文化背景，各自反映出特有的生活方式。其共同特点是：叠置构造可以节省空间，有利于保温；单元之间的接合利用精致的复式边框加以限定，这种构造起着加强筋的作用，在制作和使用过程中不至于变形。不同的是制作材料和连接方式上。左边两个都有附件连接及上锁装置，好打消别人偷吃的冲动，防患于未然。印度的饭盒最上层是放一些甜佐料，中层放薄饼，下层则盛着咖喱。

如图3-10所示的是17世纪欧洲某些地区流行文化下产生的构造奇特的陶器：一种名为"谜罐"的酒馆下注器具。罐子把手通常在靠近底部附近弯出，然后往"腹部"上升一些距离后以一般形式向外弯，连接顶部边缘。把手和边缘都是中空的，有开口通向底部的罐子内部，沿着顶部边缘再粘上一些小小的饮用嘴罐，按设计者的意图可以有不同配置。只有利用手指将嘴管小心盖住，留下一个管口，同时用嘴巴吸，这样才能喝到罐内的酒。不过，把手下有个小洞，如果不小心紧紧盖住，通常酒会由小孔流出来，害得饮者狼狈不堪，还输了赌注。在中国北宋时期也有一种酒、水具（图3-11），名称"倒流壶"，其内部构造与迷罐有异曲同工之妙。壶内的注入管是一根空心管，与壶底垂直，一端与壶底孔相连，另一端与壶腔相通；流出管也是空心管，一端直通壶嘴，一端通向壶底。当向倒流壶注入液体时，壶底朝上，液体通过壶底孔经注入管流入壶腔内，当壶嘴口中有液体流出，表明壶内液体的液面已经达到流出管上端，壶内已满。在此过程中，壶腔内的空气随液体的注入由流出管逐步排出，而当壶身放正时，壶内液体与流出管相通，管内液体与壶腔液面持平，注入管的上端则高出液面，注入管将壶腔外的空气与壶腔内的空气连通。

图3-10　欧洲的迷罐（酒馆下注器具）　　图3-11　中国的倒流壶

思考题05：

· 在人类历史上，有哪些因素影响着人造物形态的发展与变化？请举例说明。

3.2　生理因素

古人发明生活器具的时候，主要是从人自身的角度出发，认真地去构想与结构相关的问题；当他们去建造房屋的时候，对于水源、气候的变化、环境的安全等因素，肯定也做了比较周密的考虑，例如欧洲的城堡、中国明清时代的村落。人类在一次次的教训中变得聪明起来。

我们可以从古代的壶罐造型中，观察到古人有许多巧妙的设计解决方法，多种多样、不同构造和尺寸的壶罐有不同的用途，尤其是把手的把和罐身的关系处理匠心周到，显示出人类从来就是以自己的尺度来构造生活器具的。

下面三个典型罐体：如图3-12所示是古代盛水用的青铜罐，该罐由两个独特的把手，一个垂直置于出水口边上的颈部，另一个则水平置于罐下部的位置。上面的把手便于提起水罐，而下面的把手便于控制流量。

如图3–13所示是三个手柄的黏土罐，左右对称的两个手柄置于罐身中间位置，第三个则垂直安置于颈部。当罐中充满水时，左右两个手柄用于提起之用，而颈部的把手用于空罐时提拿，也可在肩扛时便于抓握以保持稳定。

如图3–14所示是用于汲水和提水的小口尖底瓶。尖底，是由于这种瓶是固定于土炕中使用的。瓶的两耳位置位于瓶的腰际，可用绳系住，口部也可系绳，以利于提起时控制重心，便于倒水和汲水、控制流量。

图3–12　双重手把的青铜罐

图3–13　三个手柄的黏土罐

图3–14　小口尖底瓶

在人类进入工业化社会以前相当长的历史长河中，生活器具都是以手工方式制作的，制作者和使用者的生活方式处在同一种文化圈内，在这种状态下，人和生活器具的关系是协调发展的。但自从进入工业社会后，人与机器的关系就一直是个问题。机器刚出现时，人们发出阵阵惊叹，成倍提高的生产效率使产品的数量丰富起来。随后又有人指责机器是个可怕的怪兽，人已经成了机器的奴隶。卓别林的《摩登时代》生动的演绎这一切：机器似乎成了主人，而人是机器的奴仆，要顺从它，适应它。于是在20世纪50年代产生了一门新兴学科——人机工程学。从此，人类用科学的方法来设计人造物，系统的方法解决人与环境、人造物的关系（图3–15）。

就拿与人的生活密切相关的灯具来说，人们为设计出美丽而又实用的灯具绞尽脑汁。但灯具耀眼的眩光常常使人感到不适，只有漂亮的造型是无法解决这个问题的。丹麦设计师保罗 · 汉宁森设计了一种名为PH系列灯具。这种灯具完美地提出了优美的造型、工业化制造与人的关系的解决方案，他的照明理论和设计实践使他成为世界灯光设计领域的先行者（图3–16）。PH灯具的重要特征：（1）所

图3-15 成长椅

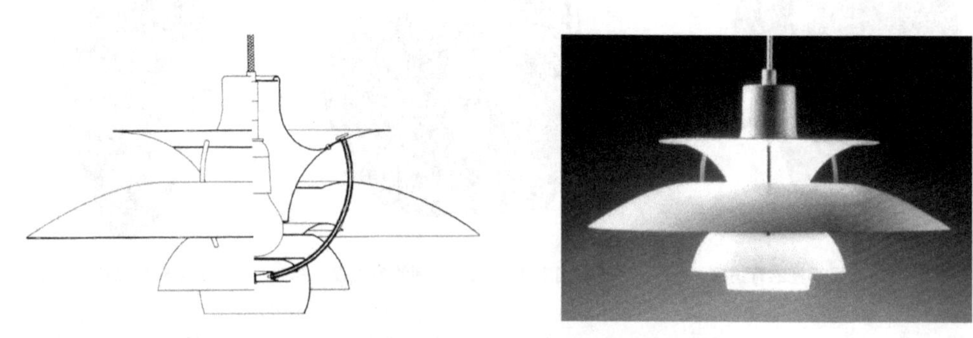

图3-16 PH5吊灯 设计：汉宁森（丹麦）

有的光线必须经过一次反射才能达到工作面，以获得柔和、均匀的照明效果，并避免清晰的阴影；（2）无论从任何角度均不能看到光源，以免眩光刺激眼睛；（3）对白炽灯光谱进行补偿，以获得适宜的光色；（4）减弱灯罩边沿的亮度，并允许部分光线溢出，以防止灯具与黑暗背景形成过大反差，造成眼睛不适。

工业化的一个重要特征就是“标准化”，在设计制造产品时对“人机”的研究在很大程度上是对“标准人”为对象的，所以我们身边的生活用品大都是针对20岁至50岁之间的人群而生产的，因为这批人群占到在整个消费者的大多数，除此以外的人群如老人、儿童、孕妇、残障人常常会受到忽视。在生活中这些特殊人群与普通人群有很大差异，许多产品对他们来说根本就不合适，普通人可以正常使用的东西，对不具备这种能力的人来说，却成为一种障碍。因此，关心、研究包括弱势群体在内的所有人群就成了当今后工业化时代的重要课题。下面是两个设计案例：

如图3-17所示是获得1999年日本优良产品（G-MARK）大奖的一组餐具设计：该设计是为住院的病人开发的。由于住院病人往往体力虚弱，使用一般的餐具力不从心。如普通汤勺较重且不易控制。而病人往往会产生这样的心理防御机制：知道自己有病，使用正常勺子有困难，否认自己和正常人不一样，不承认无法正常使用餐具这样基本的能力。如果给他们用特制的勺子，会被认为是歧视。产生的消极结果是病人不愿意与人进餐甚至失去康复的信心。解决的方法是：在餐具的造型设计上更具艺术化，同样吸引健康人使用，而在功能上更适合病人。如该产品中的勺子把握部位制成下凹半圆环，使一毫米薄钢板冲压而成的勺子既减轻了重量又增加了强度。更重要的是，半圆环在获得极具美感的同时解决了病人不易控制勺子的问题且让任何人都可以正常使用。使用这种餐具的病人不再把用餐成为一个困难的行动了。该产品的评语是：通过对特殊群体的关怀隐藏在普通而美妙的形态下获得积极完美的解决方案。

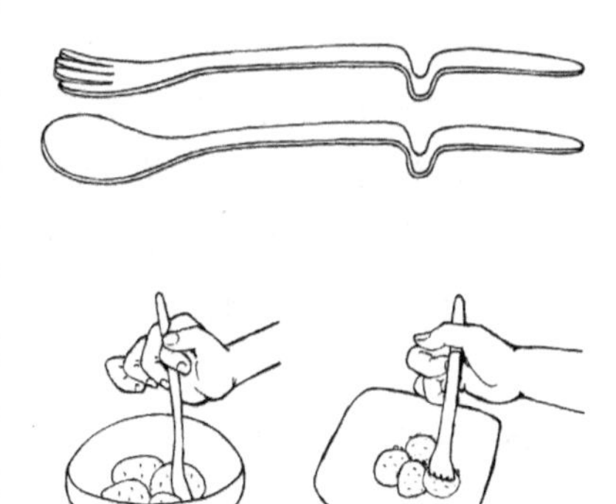

图3-17　残障人使用的餐具

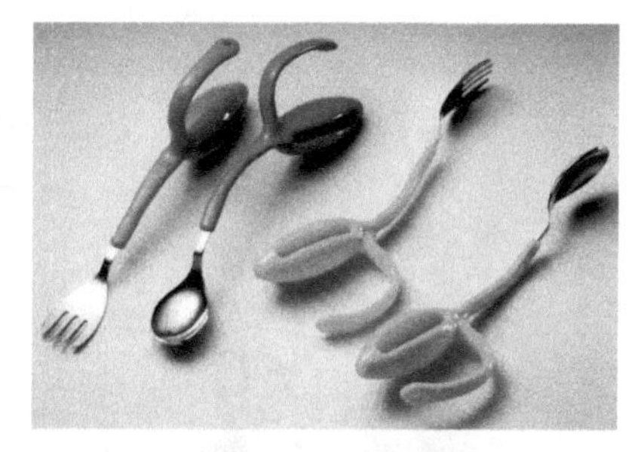

图3-18　用记忆材料制成的、把手可变形的儿童餐具

日本有一家公司设计了一种造型十分奇特的儿童餐具（图3-18），它的把手由可变形的记忆材料制成。猛一看也许认为是个引人注目的“噱头”，其实这是在充分研究儿童进食过程后得出的造型设计。一般来说，成年人在使用调羹时是捏住勺柄、然后再随着手腕的转动、把勺尖对准嘴巴，从而把食物送入口中；而对于那些刚学会进食的婴儿来说却有所不同。如果我们把调羹放到婴儿的手中，很快就能注意到他们是用整个拳头来抓住调羹，然后小心翼翼地平移，而不是靠手腕转动，把食物送进嘴巴里。所以，该产品的把手可以随着儿童拿握姿势而变形，这样就更适合刚开始学习进食的婴儿使用。这样的易用性设计能增加婴儿对进食本身的兴趣、训练动手能力和手眼协调，从而对进食不再被动。

思考题06：

· 选择一种具有一定历史的人工产品，如筷子、椅子、鞋子、钟表、锁等，并从图书馆、互联网上收集该产品的历史资料和图片；

· 写一份该产品发展历史的研究报告；

· 报告要求：A4纸，8页以上。

3.3 功能因素

影响世界一个多世纪的现代主义设计思潮的著名口号就是"功能决定形式"（Form follows function），在美国建筑师路易斯·萨里文的大力鼓吹下，成为20世纪建筑师、工业设计师的金科玉律，尤其是在著名学府包豪斯相同的设计教育理念的推动下，整整影响了几代人。其实我国古代《十三经注疏》上早有"随器而制形"的类似说法。

图3-19 随身听

图3-20 带弯钩的汤匙

"功能决定形式"的提出在当时具有强烈的社会民主主义思想，是一定社会历史发展阶段的产物，这在王受之的《世界现代设计史》一书中有精彩的阐述。随着时代的发展，这一观点受到了挑战，20世纪末兴起的"后现代"、"解构主义"等思潮即是其中的代表。

美国爱荷华大学艺术及艺术史学院的胡宏述教授提出了"形随行"（Form follows action）的观点，就是从行动中去了解功能，这个"行"可代表很多方面的内容。如图3-19、图3-20所示即为"形随行"的案例。胡宏述具体解释道："如何了解'机能'并非易事，'机能'是否恒常？机能是会改变的，尤其在建筑的室内空间安排上。也许在你搬进一座不是为你设计的房子时，住进去的初期，觉得这些安排并不舒适，因为本来的原居住者，对各个房间的配置是依他的生活习惯而安排的。在住过一段时间之后，你的生活习惯也随房间内的布局而改变，它原来的机能，你也能适应。‘机能’也会随时间而消失，像中国古代青铜器，现在已经没有当初祭典用品的机能，仅剩下形。再如一些物品，我们可以在它原有机能的基础上发现它的一些新机能；比方螺丝钉的起子，同时也可用来开启油漆罐盖；胶纸也可用来粘取细小的碎屑；圆珠笔尖也可用来调整电子表的按钮等。”

所以说仅用“功能决定形式”衡量人造物标准是远远不够的，在同一功能要求下，是可以产生众多设计方案的。美国著名工业设计师罗蒙德·罗维的一个设计专利权诉讼案例可以充分说明这一点：有一位制造商抄袭了罗维设计的一件产品外形专利，该产品的专利权人——也就是罗维的客户提出了法律诉讼。根据罗维当时的说法，这是一件“十分清楚的案子”。但被告声称，罗维的这个设计专利无效，因为该产品除此之外不可能是其他形状，因为功能决定了外形“只能是这个样子”。当罗维被传讯为原告作证时，该案已经拖了好几个星期。在交换质询证人时，律师问罗维，该产品是否能“设计成其他样子，同样保持良好的功能”，罗维回答“肯定可以”。之后法官当即要求罗维现场作“替代性设计”，以证明这种说法的真实性。后来罗维在自己的书中描述了当时的情景：“我打开画架，将画板置于上方，开始画该产品的草图。草图画得很大，而且笔触很深，即使坐在后排的人也能看得见。十分钟后，我画了大约25个不同形状的草图，大部分都很吸引人，而且都能体现出产品的功能。”

在短短的10分钟内可以画出同一功能下的25个方案，罗维不愧为设计大师！而同一种功能有多种的构造方式，这在世界设计史中可以找到许多例子。譬如“椅子”设计，有史以来已产生成千上万不同的椅子造型。随着科技、材料和加工技术的不断创新，还将源源不断设计出更多新品，每年在欧洲举办的家具博览会上都会推出一批椅子的最新设计就是例证。千奇百怪的锁具也颇能说明问题（图3–21）。

日本当代舞台设计家妹尾河童趁着旅行之际，随身带着速写本，把看到的、收集到的有趣物品记录下来，并配上文字，出版了好几本“另类游记”。感性的文字、精美的插图，对从事设计行业的人来说，是一本不可多得的资料。其中一本《河童旅行素描本》记录了几款捕鼠器，对说明上述论点提供了直观的事例（图3–22 ~ 图3–24）。

图3-21　各种功能的锁具

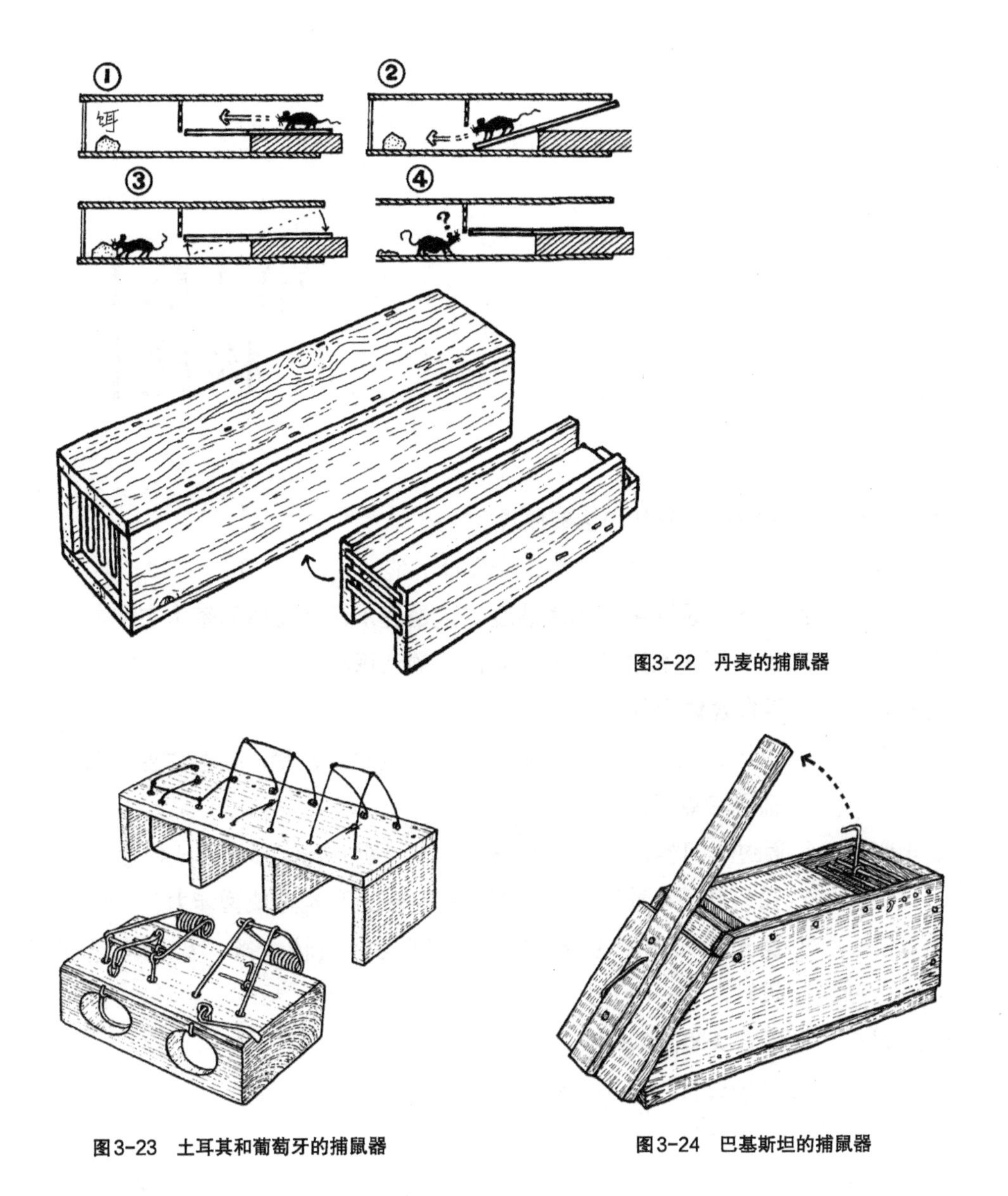

图3-22　丹麦的捕鼠器

图3-23　土耳其和葡萄牙的捕鼠器

图3-24　巴基斯坦的捕鼠器

实验课题02：榫卯解构

· 在网上、图书资料中收集中国传统家具榫卯结构资料；

· 以图解形式收集在速写本上；

· 从资料收集中选择一个或多个榫卯结构用瓦楞纸等材料进行再设计；

· 设计制作版面，内容包括：手绘资料、模型照片，及简要说明文字。

第4章 构造

· 教学内容：产品构造的分类和构成原理。

· 教学目的：1. 用实践的观念来提高创新设计的能力；

2. 提升对设计细节的敏感度，这是追求设计品质的基本态度；

3. 动手制作的过程，加深对设计的认识与理解。

· 教学方式：1. 用多媒体课件作理论讲授；

2. 小组讨论与个人独立做实验、在实验中试错、完善作业，教师作辅导和点评。

· 教学要求：1. 通过学习构造原理，掌握构造设计新方法，独立完成作业；

2. 强化动手与动脑能力，以提高判断力和构造成型能力；

3. 通过对现有产品的解析，得到构造的较优解，实现构造创新设计。

· 作业评价：1. 探索实验及清晰的表达；

2. 体现过程，而不是对某现成品的模仿；

3. 构思新颖，视角独特。

· 阅读书目：1. 潘谷西，何建中.营造法式解读[M].北京：东南大学出版社，2005.

2. 柳冠中.综合造型设计基础[M].高等教育出版社，2009.

3. [德]克劳斯·雷曼.设计教育 教育设计[M].赵璐，杜海滨译.江苏凤凰美术出版社，2016.

为了把复杂的产品构造概念变得易于理解，按其特点进行系统分类，在理论研究上通过分类来理解构造的本质，将有利于在专业上的建立起合理的框架。

4.1 折叠构造

只要在“百度”搜索引擎上敲出“折叠”两字，只用0.082秒，立刻会出现402万条有关“折叠”的信息。可见有关折叠的话题和商品早已充斥在我们生活的方方面面：折叠军刀、折叠工具、折叠家具、折叠蛋白质、折叠心情……，如图4-1所示。

图4-1 瑞士军刀

在自然界，生物通过改变自身形体的尺寸来满足自身生存的需要。用变小体形来达到藏身、休息和保护自己的作用；而变大体形则可以达到向对方示威、欺骗，是物竞天择，适者生存的需要。走兽站立奔跑时所占空间很大，当睡觉时四肢卷蜷曲就占很小空间；动物四肢及鸟翼、腿骨结构都是便于伸展蜷曲的。再如鸟翅、蝙蝠翼、鱼鳍的伸展收缩；花朵从苞到怒放、萎缩、蘑菇、树的伞形；动物胸肋骨便于呼吸时扩张收缩的平行构造；蛇、蚯蚓、蚕等动物的运动……自然界里的这些现象为人类的造物行为提供了生动的示范效应，折叠构造可以说是受到这种启发的最好说明。人类为了物品的收藏和功能的需要，常常采用折叠的手段使物品在使用时得以展开，存储时收拢。日常生活中的“伞”就是典型代表。

相传伞是春秋战国时期鲁班发明的：那时候鲁班和工匠们外出干活，常常被雨淋得透湿。鲁班心里一直想要能做个东西，既能遮太阳又能挡雨，能否可以做一座“活动的亭子”随身带着走呢？灵感来源于有一天鲁班看见许多小孩子在荷花塘边玩，一个孩子摘了一张荷叶，倒过来顶在脑袋上。这张大大的荷叶在鲁班看来成了遮挡烈日的极好工具。鲁班抓过一张荷叶来，仔细研究起荷叶的构造来。鲁班心里一下亮堂起来。他赶紧跑回家去，找了一根竹子，劈成许多细细的条条，照着荷叶的样子，扎了个架子；又找了一块羊皮，把它剪得圆圆的，蒙在竹架子上。顿时一把“活动的亭子”产生了。鲁班把刚做成的东西递给妻子，说：“你试试这玩意儿，以后大家出门去带着它，就不怕雨淋太阳晒了。”妻子瞧了瞧说：“不错不错，不过，雨停了，太阳下山了，还拿着这么个东西走路，可不方便了。要是能把它收拢起来，那才好呢。”鲁班觉得妻子的话很有道理，于是又生出一个主意，在妻子的协助下，把这东西改成可以活动的，用着它，就把它撑开，用不着，就把它收拢。这就是教科书上的“鲁班造伞”。当然，鲁班造的伞的具体构造我们不得而知，我们可以从北宋时期的绘画作品中看到伞的形态和现在的伞在构造上已经很接近了（图4–2）。

图4-2　纸伞

图4-3　折叠杂物架

从上述故事中可以看出当年鲁班造的伞已经运用了折叠构造。今天，伞的折叠构造又发展出多重折叠，现在市场上就有“三折叠伞”。而且伞的折叠构造也已被广泛应用于生活和国防的各个领域。如图4–3所示的陈列架设计正是受了伞的启示。

通常把“折”和“叠”组合成一个常用词，但仔细分析“折”和“叠”又是两个具有不同语义的词。《汉语词典》中，折的语义有：折断、屈从、折磨、折服、夭折、弯曲、回旋、折扣、亏损、翻转等。折同“摺”，在辞典中的解释有：① 败、毁坏；② 折叠；③ 折子，如存折、手折、奏折；④折叠式的，如折尺、折屏、折扇；⑤ 折叠的痕迹；⑥ 边等语义。“叠”的字义有：① 一层加上一层，重叠；② 折叠；③ 乐曲的叠奏，如阳关三叠。

由此可知，“折”和“叠”含义不同，但两者有着一定的关联。因此常常把“折叠”连在一起使用。例如，可以将一张纸反复对折，由此产生出“叠”的结果，但“叠”未必都是“折”的结果；同样，在日常生活中常把同样大小的碗叠放在一起，这就不是“折”的所为。

4.1.1　折叠的类型

古往今来，运用折叠构造的物品造型可谓名目繁多，仔细分析这些看似千差万别的器物形态，都有其各自的造型规律，如下页图4–4所示折叠构造分类表。掌握这些基本规律就能触类旁通，设计出更多完美的产品，如图4–5、图4–6所示。

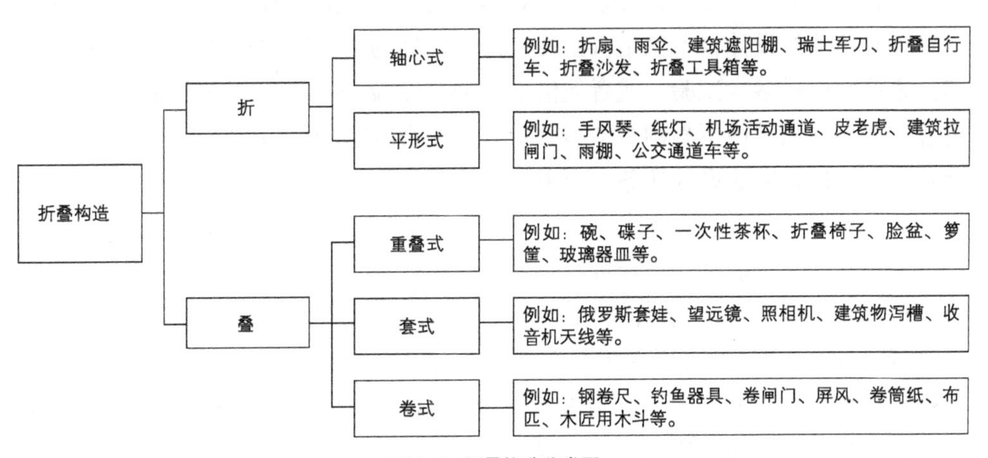

图4–4　折叠构造分类图

图4-5 多功能折叠工具

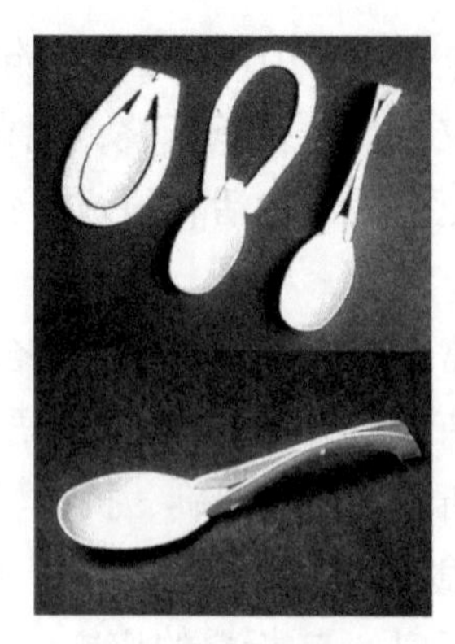

图4-6 折叠调羹

（1）“折”的两种形式：

a.轴心式

以一个或多个轴心为折动点的折叠构造，最直观形象的产品就是折扇，如图4-8所示。所以轴心式也称“折扇形”折叠。轴心式是最基本也是应用最多的折叠形式。

有同一轴心伸展的结构，如伞、窗户外的遮阳蓬；也有多个轴心的构造物（不是同一轴心），如维修路灯的市政工程车、工具箱等；还有同一轴心、伸展半径长度不同的物品；同一方向但可以上下联动的等等，在折叠童车设计上常常是多种形式的综合运用。轴心式结构的特点是构件之间在尺度关系上比较严格，在设计上要求计算准确，配合周到。轴心式是应用最早、最广也是最为经济的构造形式之一。

有时复杂的设计，不全是直接通过计算得到的，往往是根据产品的功能要求和折叠特性经过多次试验，或者凭借设计师的经验才能设计出巧妙而又有效率的折叠构造来。当然待折叠构造基本确定以后，则要对折叠的各个构件进行严格的计算，才能最终完成设计任务（图4-7 ~ 图4-9）。

b.平行式

利用几何学上的平行原理进行折动的折叠构造，典型形象是手风琴，所以平形式也称“手风琴型”，如图4-10所示。平形式可分为两种结构：一种是“伸缩型”，通过改变物品的长度来改变物品的占有空间，如老式照相机的皮腔、气压式热水瓶等等；还有一种是“方向型”，结构上是平行的，而在运用时是由方向变化的，如机场机动通道的皮腔装置，为了能灵活对准机舱门，机动通道口必须能灵活调整角度（图4-11）。

图4-7　折扇——轴心式折叠构造

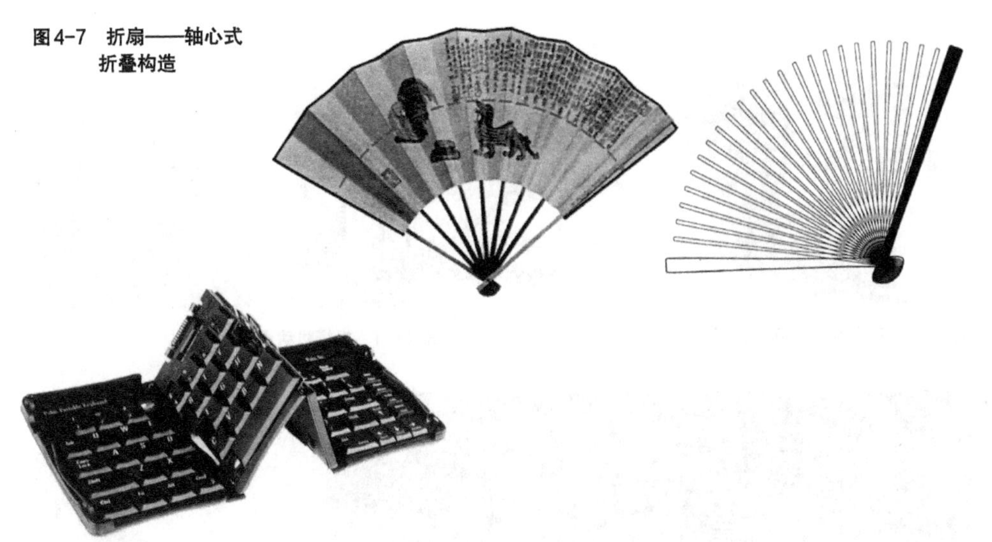

图4-8　折叠键盘

图4-9　旅游房车——轴心式折叠构造

图4-10 手风琴——平行式折叠构造

图4-11 机场机动通道

图4-12 折叠自行车

平形式的优点是活动灵活，易产生动感，线形变化丰富，具有律动美。相对轴心式其结构要简单得多，造价也要相对低廉。所以广泛应用在各类产品设计中。不足的是这种结构的物品如不加辅助构件，不宜定向，易摇晃扭损。

要使物品能产生“折”动，要符合以上两个基本原理中的一个或兼而有之，否则就难以实现。例如“公交通道车”，中间的折叠部分表面上看起来是平行式，像手风琴似的，实际上它的基本折叠构造却是轴心式，是一个有轴心的转盘连接前后两个车厢。比较复杂的折叠自行车，一般会有多条折动线、多个轴心，不管结构有多复杂，都必须符合基本的几何原理，各对折动线的长度相加必须相等，否则就不能产生折叠结果，如图4-12所示。

（2）“叠”的三种形式：

a. 重叠式

“叠”的特征是同一种物品在上下或者前后可以相互容纳而便于重叠放置，从而节省整体堆放空间。最常见的如叠放在一起的碗碟（图4–13）、椅子（上下重叠）、超市购物车（前后重叠）。如图4–14所示是法国设计师埃塞姆设计的“谜题椅”，就是运用了群体重叠的构造。这种椅子可以横向排列，在椅脚底端与地板连接起来，适用于公共场所；也可以重叠在一起储存，适合家庭、公司会议室。

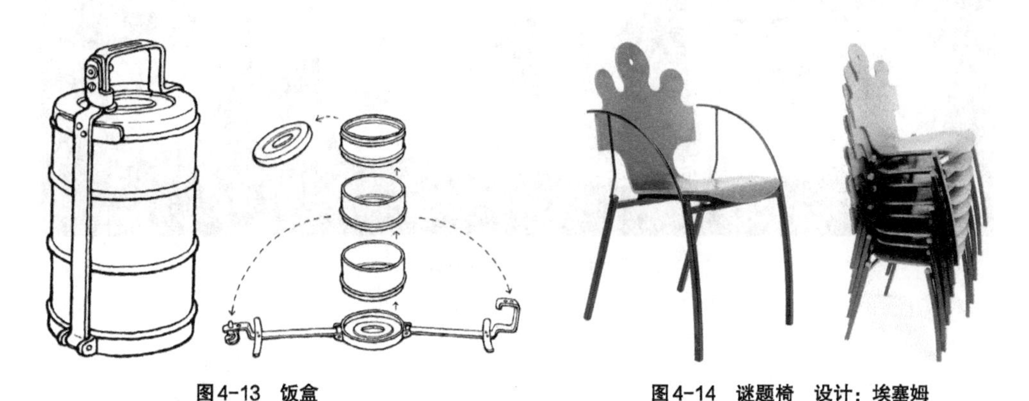

图4–13 饭盒

图4–14 谜题椅 设计：埃塞姆

b. 套式

通常是由一系列大小不同但形态相同的物品组合在一起，特征是“较大的”完全容纳“较小的”。典型产品是俄罗斯传统玩具——套娃，一种木制品，特点就是“大的套小的”，每个娃娃画上彩色图案，多是俄罗斯古典女孩形象，也有各国总统头像和俄国历代领袖头像（图4–15）。按照套叠娃娃个数的不同，分成5件套、7件套、12件套、15件套等等。这个玩具最能体现节约空间的“优势”：“十来个玩意”只占有“一个”的空间。在魔术表演中常用类似的表演手段，在“没完没了”的重复中产生“惊喜”的效果。市场上相同概念的产品也层出不穷（图4–16）。

“套”的另一种形态是滑动式，通过套筒的滑动来调节形体，实现一定的功能或节省空间。典型代表是望远镜、长焦距照相机、消防云梯（图4–17），通过滑动来完成聚焦和存储的功能。

图4-15　俄罗斯套娃

图4-16　烟灰缸

图4-17　消防车云梯

c.卷式

卷式构造可以使物品重复的展开与收拢，从造纸厂出厂的纸张和用于制作服装的坯布都是"卷"式形态。最典型的产品就是钢卷尺（图4-18）。在卷尺发明之前有人发明了有许多根木条构成的"之"字形尺，它可以折叠收放，但还是不太方便。直到19世纪末期，勒夫金发明了钢卷尺后，卷尺的使用和收藏变得极其方便。1931年，一家公司看中了一项专利技术，其专利能使钢尺边缘弯曲，从而令钢尺打卷。公司设计师又在这种钢尺添上弹簧回收的功能，现代测量用卷尺就此诞生了。直到1963年，又进一步改进卷尺，为它加上了锁止机构。

其他还应用在诸如电动可伸缩的渔具、消防水管等产品上，甚至计算机键盘也可以像铺盖那样卷起来（图4–19）。如图4–22所示是名为“线龟”的缠线器，其构造就是采用了“卷”的原理，通过“卷”电线将分散在工作台面继电气设备后面垂下来的混乱场面收拾干净。该项产品为此获得瑞士日内瓦国际发明展览会金奖。德国“古德”工业形态评奖委员会的评价是 ：“独特而简洁的创新”（图4–20）。

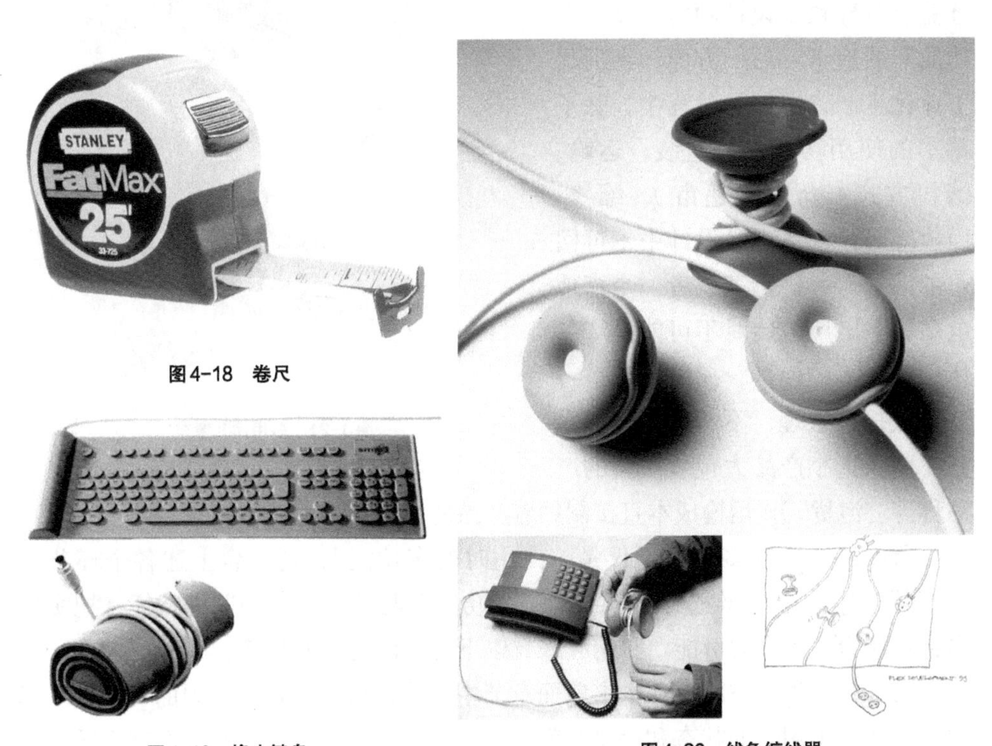

图4–18　卷尺

图4–19　橡皮键盘

图4–20　线龟缠线器

4.1.2　折叠构造的功能价值

现代社会中，人们的生活、工作、学习的节奏比以往任何时候要快得多，生活形态也更加多样。与人的这种生活状态密切相关的人工制品，在品质和功能上要求愈来愈精致和一物多用：一种产品往往要同时扮演多种角色。分析一下童车的用途便于理解人们对产品的要求：在家里应该是摇篮，在社区花园是儿童座车，在商场购物兼有载物功能，在风景区要能背在肩上，在路上要方便上公交车或放在轿车后行李箱中，等等（图4-21）。从人们对这种“多功能产品”的要求，我们可以解读出人们生活形态的多姿多彩。在不远的过去，一个木制的婴儿摇篮就能应付一切，而现在人们很少会选择一个单功能的摇篮。对产品的这种“多维需求”导致了设计师对产品“多功能”的追求。另一方面，在现代工业化生产、销售的过程中，除了基本的使用功能外，包装、运输、销售方式（仓储式超市）、维修、回收等等，都是产品设计中不可回避的因素。一辆童车或者一个落地电扇，在出厂包装时不可能是产品使用状态下的模样，一般都要进行分解或折叠处理，不然运输成本太高（商家把小产品大包装一类的产品称为“泡货”），运输成本直接制约着产品的市场竞争力。

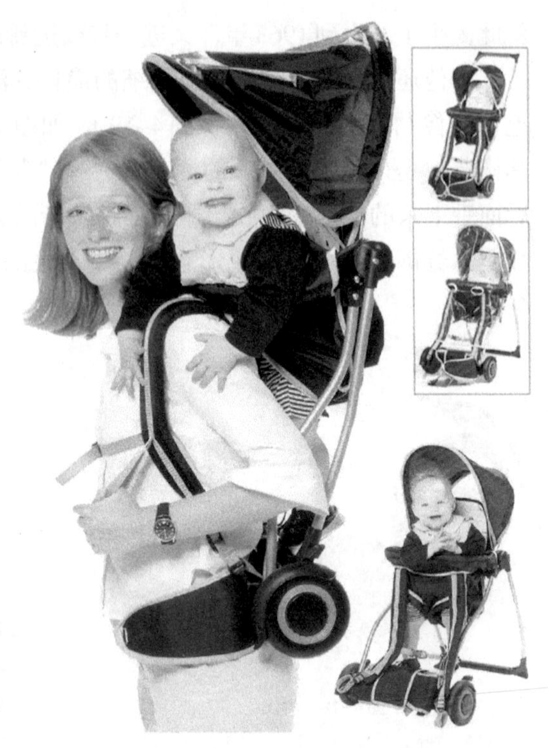

图4-21 多用途儿童车

所以，产品的多功能不仅是“使用时的多功能”，还包含上述各个环节的“功能”因素。折叠构造中就蕴含着“多功能”与“空间整理”的特征，把实现多种功能为一体成为可能。归纳起来有以下几方面的功能价值：

（1）有效利用空间。在本书前面章节中，我们讨论过自然界中的“折叠”现象，鸟类在飞翔时的状态和栖息时就是一个展开——折叠的过程。在这个转换过程中一只鸟本身体积没有发生变化，也就是说所占的实际空间没有变，栖息时的“折叠状态”只是减少了“储藏”空间。试想一下，飞翔的展开状态怎么能躲进鸟窝或者树洞？所以，我们讨论折叠产品的“节省空间”主要是指它的储藏空间。如图4-22所示的折叠自行车由日本松下公司生产，材料是轻质的金属钛，车身重只有6.5kg。整辆车完全折叠起来后长只有63.5cm、宽33cm、高58.4cm，仅占折叠前体积的1/6。放在汽车后盖箱外出旅行相当方便。

（2）便于携带。最直观的例子就是雨伞。一把已经折叠过的竹骨油纸雨伞，

（就像上文所提的鲁班造的伞）其长度大概也要80 ~ 90cm，从古画中看到书生进京赶考肩上都要背上一把像步枪一样的雨伞。现代伞材料发生了根本的变化——钢质伞骨、尼龙伞面，为再次折叠创造了有利条件。现在的二折叠甚至三折叠伞，其长度缩短到25cm以下，可以随意放进小包中。类似的产品有：折扇、折叠摄影用三脚架、折叠衣架等等。这类折叠产品在满足一定的使用功能外，主要考虑“便携”的特征。所以在旅游休闲产品中，“折叠”设计是很重要的元素。

图4-22 折叠自行车

（3）一物多用。这一概念，经常被运用在家具设计中。据心理学家研究，人的居住环境最好在一定时期内作些变化，比如起居室里的沙发、书柜、桌子椅子最好在半年或一年在空间布置上作一些变动，让长期处在室内环境中的人产生新鲜感，有利于人的身心健康。所以，家具就成了调度室内空间的道具。有一个家具设计，其双人床可以折叠在大立柜中，这样室内功能就发生戏剧变化：白天是客厅功能（床折叠在柜子中）晚上把床从柜子中放下来，那么客厅就变成了睡房。如图4-23所示的这件奇特的“书架桌”可以说是“一物多用”的典型之作。

（4）安全。现在折叠手机在整个手机款式中所占比例在75%左右，折叠手机在体积上没有多少优势，与非折叠手机相差无几。折叠手机的一个重要功能就是按键被安全的保护起来，虽然非折叠手机也有按键锁，相比之下前者还是更安全、更方便。另外，一些利器（刀、针、剪刀等）经过折叠处理后不但缩小了所占空间，而且隐藏了锋利部分，保证了携带的安全和方便。

（5）降低仓储及运输成本。上面提到的松下折叠自行车，出厂包装时，折叠后装入纸箱与展开状态装入的纸箱，所消耗的包装瓦楞纸用量要节约许多。运输及仓储成本，前者只是后者的1/6。从这一点上讲，折叠产品不仅仅是有效利用空间，还有效利用了资源和能源。对折叠构造的研究以及运用，对制造厂商、运输仓储、宾馆旅店以及公共空间的有效利用都有积极意义。

（6）便于归类管理。我们在工作学习中都有这样的体会，许多文具、五金工具工作时使用比较频繁。如能把这些具有不同使用功能的工具能分门别类的放置，就有利于提高使用效率。反之，就整天处于寻找工具的忙乱中。如图4-24所示的这款文件包，可以将重要文件分门别类放置；到了办公室就可展开挂在墙上，查找十分方便，对于那些必须经常带着资料外出做演讲的人们尤为方便。

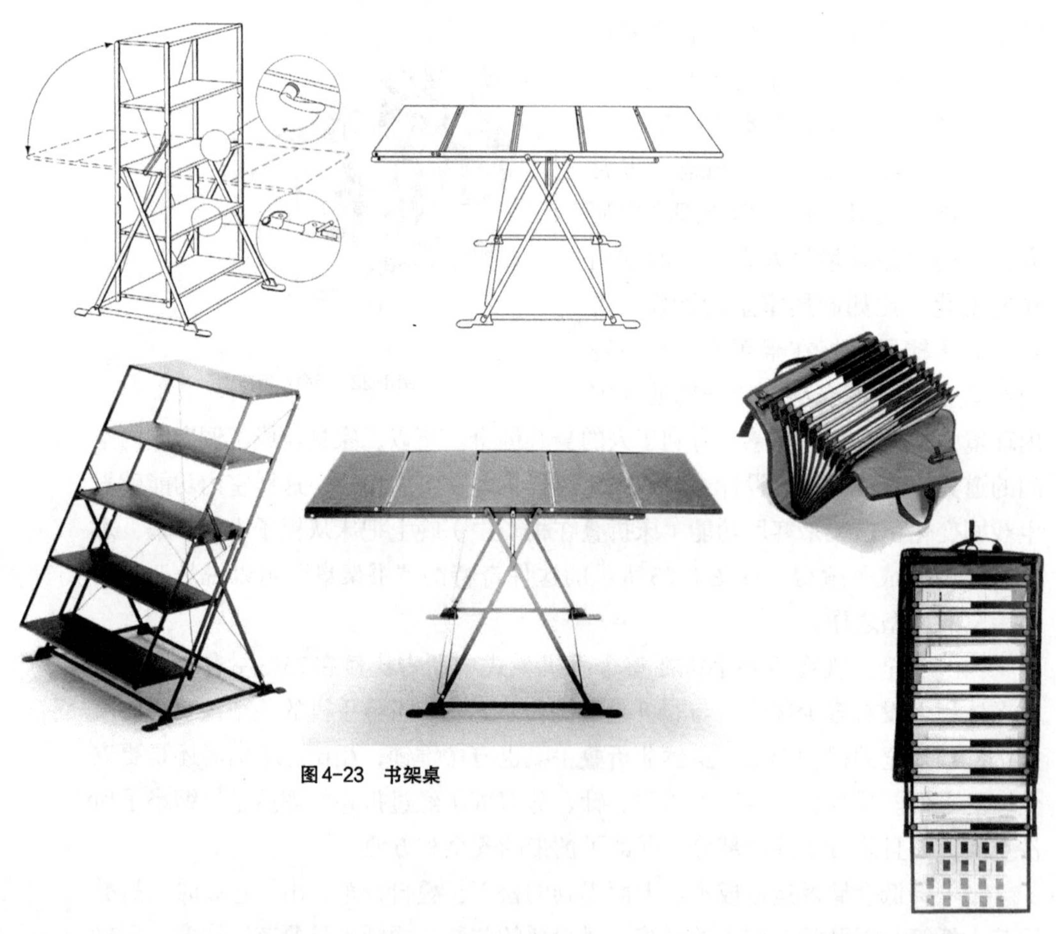

图4-23　书架桌

图4-24　公文包

4.1.3 折叠设计案例

案例一：双重世界

计算机给办公自动化带来了革命性的变化，桌上电脑成了政府公务员和公司文员必不可少的办公设备。但一个商务机构尤其是大型公司会碰到一个难题，就是所有人员在配置了桌上电脑的同时还得有供出差用的笔记本电脑，对商务人员来说一台笔记本电脑也是必需的装备。随之而来的问题是办公成本的提高。就像6000多名技术和管理员的康柏公司，每人配上两台电脑实在是一笔大开支。鉴于此，引发了康柏公司开发一种新概念电脑的想法，即所谓的“双重世界”，如图4-25所示。

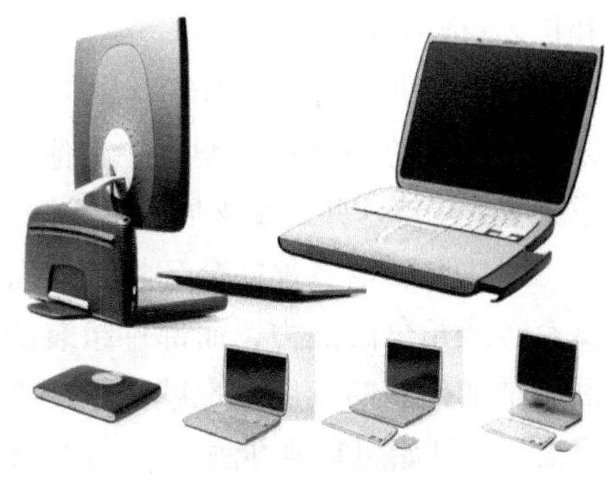

图4-25 双重世界

纳迪福（Native）设计公司在接受设计任务的初期就提出要将桌上电脑的属性结合到笔记本电脑中，并对人们如何工作及何时工作等问题进行全面考察：人的工作性质正在发生改变，更乐于工作的场所也发生变化，而且工作可以在许多地点完成、可以在白天和黑夜的任何时候进行。那么为什么既需要笔记本电脑又需要桌上电脑，能否找到综合各种优势，包括整合最新技术的合适方案，比如快速便携式笔记本电脑、PDA、TFT液晶显示器、移动无线通讯和无缝无线连接的发展以及联网的桌上型电脑的应用等等。所有这些技术极大地拓展了解决问题的空间。

“双重世界”的产品概念设计的首要目标是集中便携式笔记本和标准的桌上型配置的基础之上的，设计师对新方案的设计概念描述为：

（1）质量第一，塑造和加强康柏公司高品质量的公司形象；

（2）遵循用户逻辑，拓展视窗界面的无线连接；

（3）为办公室、家庭以及移动环境提供合适的人体工程学设计；

（4）节约办公桌面的空间；

（5）方便安装、连接、收拾、和离去；

（6）不同环境和多用户的兼容性；

（7）移动过程中重要部件的自我保护；

（8）有利于技术升级和可持续性；

（9）使用方便，以吸引世界各地的用户；

（10）采用最新的材料和工艺，保证质量和长久的吸引力。

把计算机使用的工作环境分成三种类型：办公室、旅游型和野外型，在其他方面的考虑就主要围绕这些类型来展开的（图4–26）。

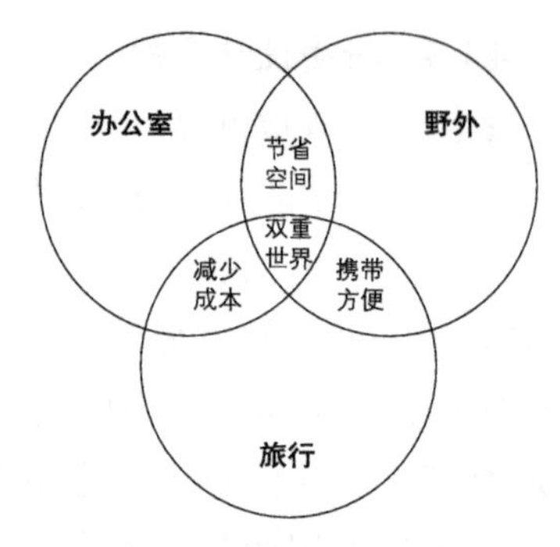

图4–26 双重世界概念图

既然要满足多种办公环境，就需要让电脑有转换角色的能力，而部件组装的形式无疑会增加使用的难度，也减弱了便携性。于是设计师开始想其他办法。有一次，设计师们到酒吧聚会，一张精致的折叠请柬引起了他们的好奇心，给设计方案提供了意想不到的灵感。通过绘制很多草图、拿木板做草模、专门研究组装积木，帮助解决一些结构上的疑难问题。

设计师在结构设计上没有为折叠而折叠，双重折叠构造的确立更多的是为了让电脑能更加舒适地使用。经过对普通桌上电脑和人的办公姿势作了许多测试，包括人的座高和椅子的高度、坐姿和电脑显示屏的距离以及角度的研究，创造性地把方案做成两个折叠关节，既可以像普通笔记本电脑那样键盘和显示屏连体；可以折叠底板，将键盘单独拿出来，方便调节键盘与显示屏的距离；也可以根据不同性别、不同人种、不同习惯人的使用状态通过一个摇臂折叠机构调节显示屏与操作者面对的角度，据说这个构造设计来之于昆虫构造的启发。当然这些设计必须由“蓝牙”无线传输技术支持为基础。当拿出最后方案时，康柏公司的市场人员都觉得用这样的电脑就像玩游戏一样，非常惹人喜欢。

案例二：折叠盒子

在美国创意天堂硅谷流行一种能激发创造力的游戏——“Bloxes”（图4–27、图4–28），这是由“block”（块状物）与“boxes”（盒子）两个英文单词嫁接的新名词。这种游戏实际上是由联锁块波纹纸板做成的积木，是由纸板折叠成独特构造的盒子，盒子各个面的连接可以堆叠成各种各样的物体，如：椅子、书桌、讲台、办公室隔板……甚至是一堵墙。据说Bloxes还是很好的隔音材料，用Bloxes作隔断的室内空间，甚至可以分组演奏音乐。

“Bloxes”是折叠的典型案例，集合了“折”和“叠”两种构造的功能优势。首先是由二维的纸作为原材料，经过“折”，成了三维的盒子，再经过“叠”来完成各种功能。这个过程几乎没有“高科技”，体现出来的全是“设计”。在这个

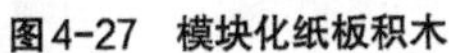
图4-27　模块化纸板积木

图4-28　谷歌公司员工在办公室制作的隔断

世界著名的高科技中心风行这种创意游戏颇具意义。如图4–31所示是创造力过剩的谷歌公司员工在自己的办公室搭建的杰作。

发明这种折叠游戏的就是当年负责开发苹果电脑图形界面的杰夫 · 拉斯金，硅谷曾经的风云人物。20世纪70年代，拉斯金在一个艺术展上首次展出了Bloxes。他的创意来源于从小玩到大的乐高积木：“如果能把这些拼装玩具放大到真人尺寸，而且人们可以站在上面或者游走其间，那一定是种奇妙的体验”。

这种折叠盒子现已走出硅谷被社会所接受，幼儿园和小学大量定购了这些需要自行组装的小盒子，用来培养学生的想象能力、空间思维和动手能力。世界各地的设计师也利用“折叠盒子”进行二次创作，拓展这个创意的更多空间。

实验课题03：折叠

- 以纸、塑料片等廉价材料，设计与自己日常生活有关的日常用品；
- 分别以“插”、“挂”、“架”为结构特征进行折叠设计；
- 要充分体现所选材料的物理和视觉特性，设计合理的构造；
- 原则：省材、结构简练而且巧妙，不得使用胶粘剂；
- 不作材料表面装饰，以材质和结构体现美；
- 对设计作品写出描述性文字，包括功能说明、使用说明；
- 画出展开图及使用状态的彩色图片。

4.2 契合构造

契合是指两个物件个体阴阳咬合的一种构造形式。“契合”作为物件之间的构造方式，古今中外广泛运用，从中国古代建筑中的榫卯结构到工业产品的拉链都可以看到这种构造的行踪。这种构造的魅力表现在：当两物件连接在一起时可以达到相当的牢度；而需要分拆时各自既能保持独立完整，又互相不“伤害对方”。其中的含义可以从中国古代的智力玩具——孔明锁中得到诠释。

孔明锁相传是三国时期诸葛孔明根据八卦原理发明的玩具。孔明锁的另一个名称叫“鲁班锁”，传说是春秋时代鲁国工匠鲁班为了测试儿子是否聪明，用六根木条制作一件可拼可拆的玩具，叫儿子拆开。儿子忙碌了一夜，终于拆开了。

图4-29　九柱孔明锁

孔明锁的形式很多，名称也有许多：别闷棍、六子联方、莫奈何、难人木等。它起源于中国古代建筑独有的榫卯结构。从古到今，有人利用孔明锁结构制出多种工艺品，如绕线板、筷子筒、烛台、健身球等。近代还有用塑料和木材制造的组合球、组合马、魔方锁扣和镜框等。另外还有将传统的6柱式孔明锁改进为7柱、8柱、9柱（图4-29、图4-30）、10柱、11柱、12柱，乃至15柱，这些都能在中外专利数据库中找到。所以，建筑师和工业设计师常常把对孔明锁（或称孔明榫）的研究纳入基础设计研究范围。

4.2.1　契合构造的经典范例

榫卯、拉链、拼图——可以从中找出“契合构造”的特征，也可以看作是“契合构造”三个不同的类型。

（1）榫卯

榫卯可以说是契合构造的典型代表，也是中华民族智慧的结晶。在河姆渡文化遗址，距今6000 ~ 7000年前我国新石器时代早期，古代先人们

图4-30　三柱孔明锁

已经用石器来加工木材，制作出了各种木构件用于建造原始的建筑和生活用品，创造出了“不用一颗钉子，全用榫卯搭接 ”的特有技术。其基本思想就是通过在构件上挖孔，使构件之间咬合起来，通过限制各个构件在一到两个方向上的运动，使整个构件成为一个整体。这种作法充分利用了木材易加工的特性，通过榫卯连接，让有限尺度的木料加工成一个构件，再使一个构件组成更大的构造物成为可能，（如中国传统建筑上的斗栱）突破了木材原始尺寸的限制。此外，契合构造形式和木材的加工方法相适应，是榫卯技术得以延续和发展的重要因素。

从河姆渡遗址中的榫卯实例中证实，（图4-31）榫卯结构已具备了最基本的三个要素：榫头、卯口、销钉。发展至宋代就达到了巅峰，一座宫殿有成千上万的构件，不用一颗钉子而紧密结合在一起，体现了契合构造的功力。（图4-32）在明代家具制造中，榫卯结构以“其工艺之精确，扣合之严密，间不容发，使人有天衣无缝之感。”又一次达到一个高峰。

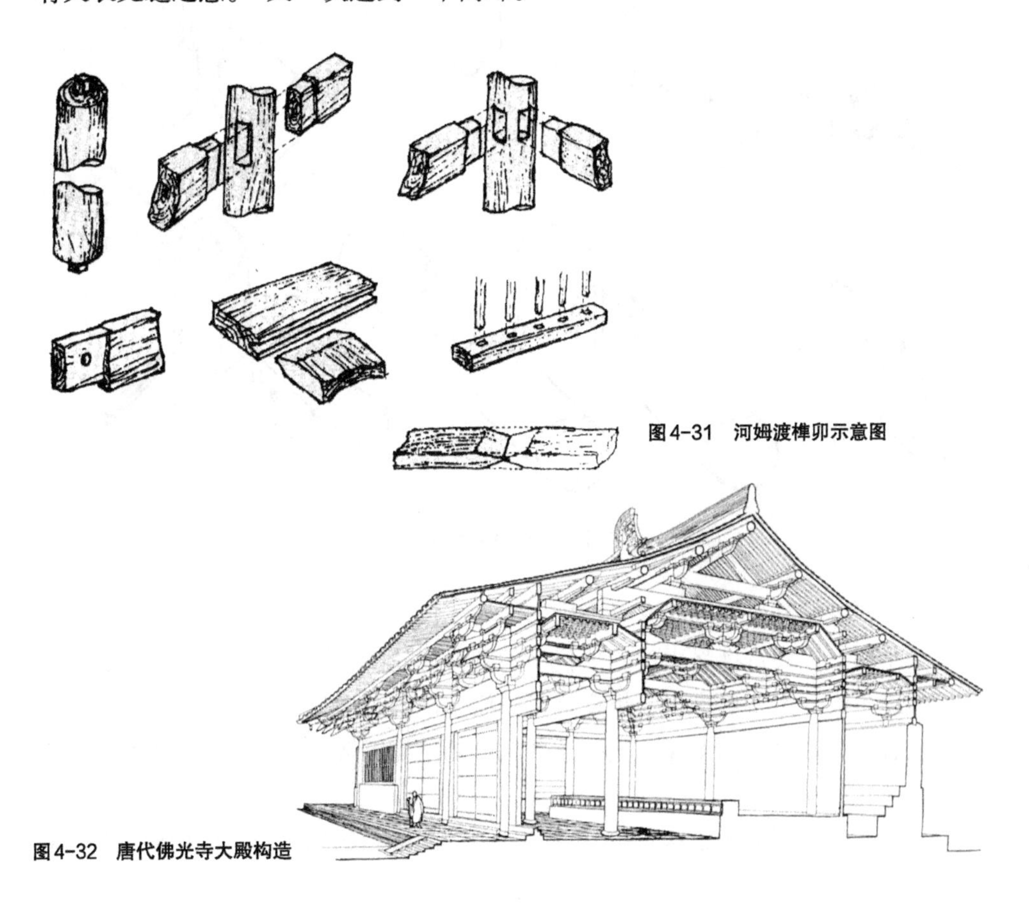

图4-31 河姆渡榫卯示意图

图4-32 唐代佛光寺大殿构造

由于对木材的特性有了深刻的理解，明代工匠在制造家具时把“榫卯结构”的契合原理演绎得出神入化的地步：由于木材断面（横切面）纹理粗糙，颜色也深暗无光泽，就用榫卯接合将木材的断面完全隐藏起来，外露的都是花纹色泽优美的纵切面。随着气候湿度的变化，木板不免胀缩，特别是横向的胀缩最为显著，攒框装入木板时，并不完全挤紧，尤其在冬季制造的家具，更需为木板的横向膨胀留伸缩缝。榫卯结构更讲究“交圈”，有衔接贯通之意，不同构件之间的线脚和平面浑然相接，达到完整统一的效果（图4–33）。

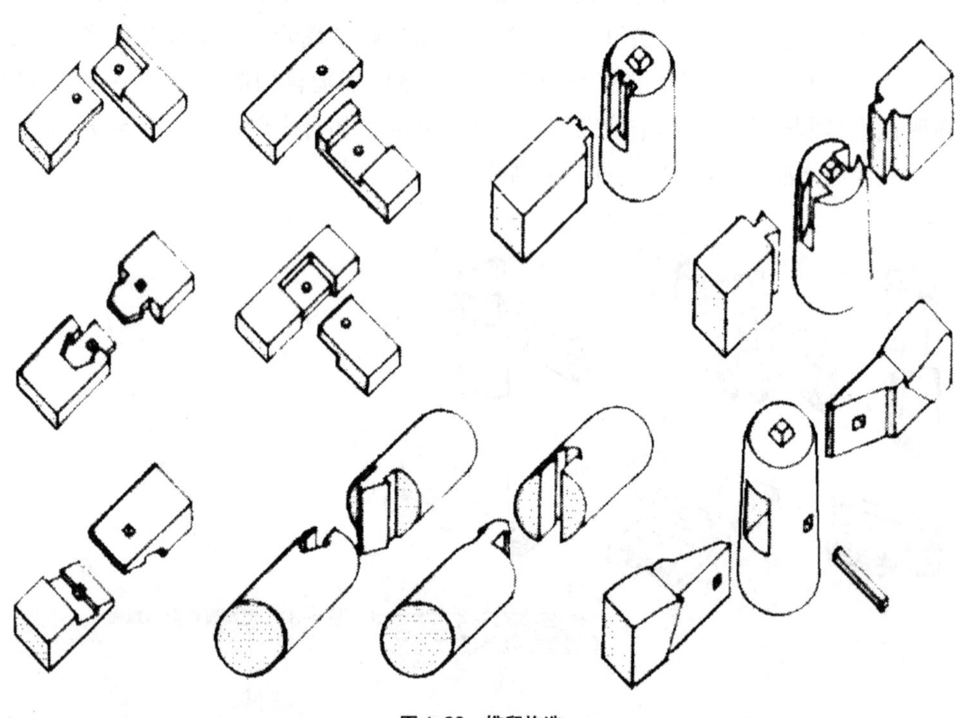

图4–33　榫卯构造

值得研究的是，在明代家具中榫卯结构不仅仅是木构件中的节点，而直接成为造型手段。以楔钉榫将木材连成优美的圆弧形椅圈；用夹头榫、插肩榫使案形结构强度更大、造型更完美；抱肩榫可以派生出各种类型，使有束腰、高束腰造型产生各种丰富多样的变化。当把这些精妙的结构拆解再复原，它依然精密、合而为一体（图4–34）。

另外，针对不同的结构位置，有各种不同的榫。例如：板材结构使用的“燕

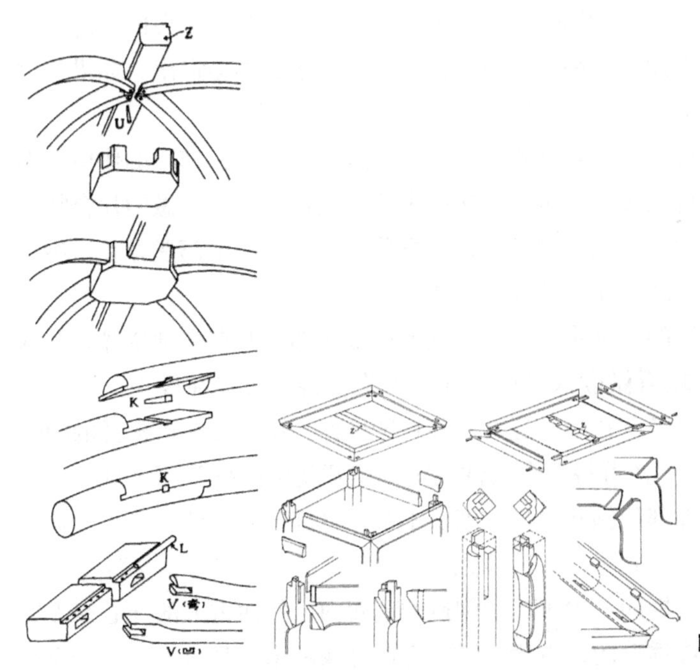

图4-34 明式家具中的榫卯构造

角榫”、“明榫”、“闷榫”；横竖材结合使用的“格角榫”、“穿鼻榫”、“插肩榫”；霸王枨使用的“勾挂榫”结构；桌案上使用的“插榫”等。两块薄板拼合时常用“龙凤榫”，即用榫舌和榫槽拼接。这种样式可在现代实木地板中见到。薄板拼合后，为增加牢度防止其弯翘，在反面开槽，将梯形长榫格穿入，称为“穿带”，这种榫称为“燕尾榫”。厚板的直角接合处常用闷榫角接合和明榫角接合。明榫接合比较粗糙，常用在看不见的地方，如抽屉的拐角处。有的工匠技术高超，能将很薄的板用“闷榫”接合。

实木家具在制作过程中的很多地方都会出现横竖动材的交接，如扶手椅的搭脑和后腿会使用圆材闷榫角接合，扶手和前后腿，管脚枨与前后腿的拼接都会使用“格肩榫”接合，也可在竖材的一面平，类似后者这样的接合称为“飘肩”。方材接合时因为款式的需要会产生“大格肩”和“小格肩”的样式，横材穿透竖材的情况称为“透榫”，否则为“半榫”。多数家具为了不露痕迹都采用“半榫”，少数家具出于款式考虑，不仅为“透榫”，还会故意伸出去。

古代工匠为了让桌面下没有横枨影响腿脚的活动，设计出“霸王枨”，取代横枨的固定作用。霸王枨上端用木销钉和桌下的“穿带”相连固定，下端使用

"勾挂榫"和桌腿相连。腿上的榫眼为直角梯台形，上小下大，榫头也为这种形状上翘，纳和榫眼后，下面空当垫入木楔，杖子就被卡牢，不会退出，如果先拔去楔子，才可将杖子拿下。

实木家具在弧形弯材结合处常常难以找接缝，这就是"楔钉榫"的作用。圈椅上椅圈就是用这种榫将几段弧形木料连接起来的。先在木料两端做两片合掌式的形状，头部再做槽和舌头，互相抱穿后，不再移动，在搭脑中部凿方孔，将头粗尾细的方形楔钉投入，两段弧形就连成一体了。

明代的案子上所使用的"夹头榫"已经发展得很成熟，并有多种变异。基本制作是案腿上打槽，顶端再做嵌入桌面底部的榫头，将牙头夹在榫中。这种榫结构还按照家具款式做出各种造型。还有一种特殊榫件，用于装在可拆开的构件之间。推上这种"走马榫"，可将两个物件固定，拉开就可以拆开两个部件。有的红木家具在做完后在榫部位钻孔，投入细长木头，将榫头固定住，称为"关门钉"。制作好的榫头是无须用"关门钉"固定的。

尽管中国人从未将"榫卯"置于艺术创造的范畴内，然而古人的匠心毫无疑问是和每一块木头互相渗透着的，古代工匠的心血好像和木头契合成为一个有情的生命。榫卯结构的分类见图4-35。

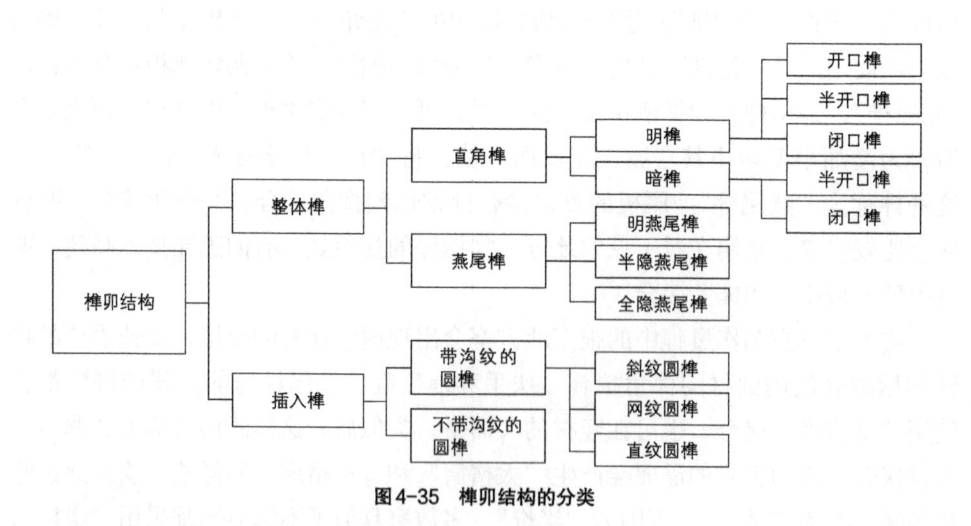

图4-35　榫卯结构的分类

思考题07：

- 传统榫卯结构的局限性
- 榫卯对现代设计的意义

（2）拉链

拉链在人类造物史上是一项重大发明，它将柔性的皮革、布料通过刚性链牙的契合构造连接在一起，并能达到开合自如的功效。早在19世纪中期，为了解决长筒靴的穿戴问题，有人最初设计了一种构型的锁扣结构。直至19世纪末，一位名叫威特康·L·朱迪森的美国机械工程师，想出用一个滑动装置来嵌合和分开两排扣子。在之后的30年中，拉链的结构不断完善，而且总是和靴子联系在一起的，装有这种新型锁扣的靴子称“奇妙靴”。直到1923年，销售人员想找个更能显示其特色的名字，灵机一动，想到“Zip”这个拟声词——物体快速移动的声音，便将“奇妙靴”更名为拉链（Zipper）靴。从此，Zipper——“拉链”就成为所有类似无钩式纽扣产品的总称。直到20世纪末，我国的拉链生产以空前的速度发展，拉链品种不断增加，各个品种、各个规格基本上都能生产。拉链产量已超过了100亿米，成为世界上最大的拉链生产国（图4–36）。

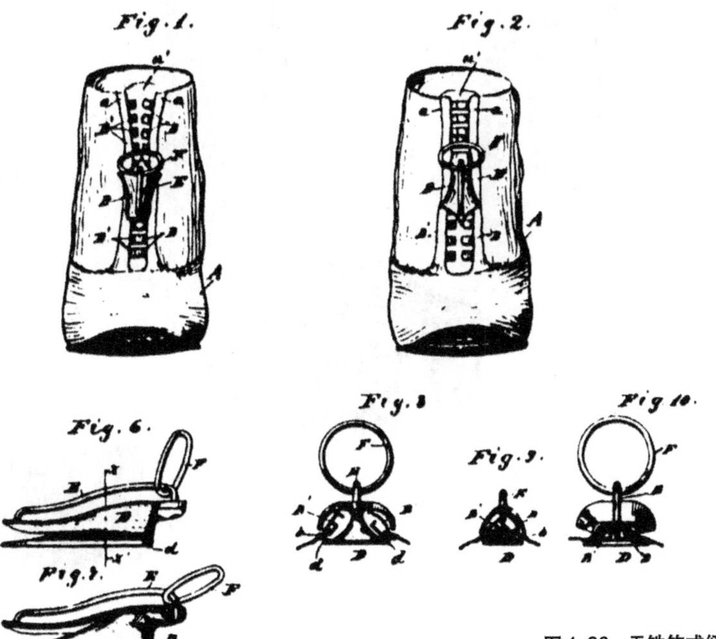

图4–36　无铁钩式纽扣专利

拉链的自锁功能是通过拉头的运动，以闭合角逐一合拢，直至达到内挡宽度，促使链牙上的凸出齿逐一入列相邻链牙的凹槽中，形成一个契合结构，这一运动过程将左右链牙的相对靠拢运动，逐一转变为相邻链牙上下自锁运动（图4-37）。

如今，拉链常被运用在更广泛的设计中。如图4-38所示就是一款时尚拉链口罩。在日本，无论是感冒还是花粉症都有人戴口罩以阻断病菌的传播。而这一行为，向外界传递的是一种“不健康”的消极信息。设计师希望通过这个时尚口

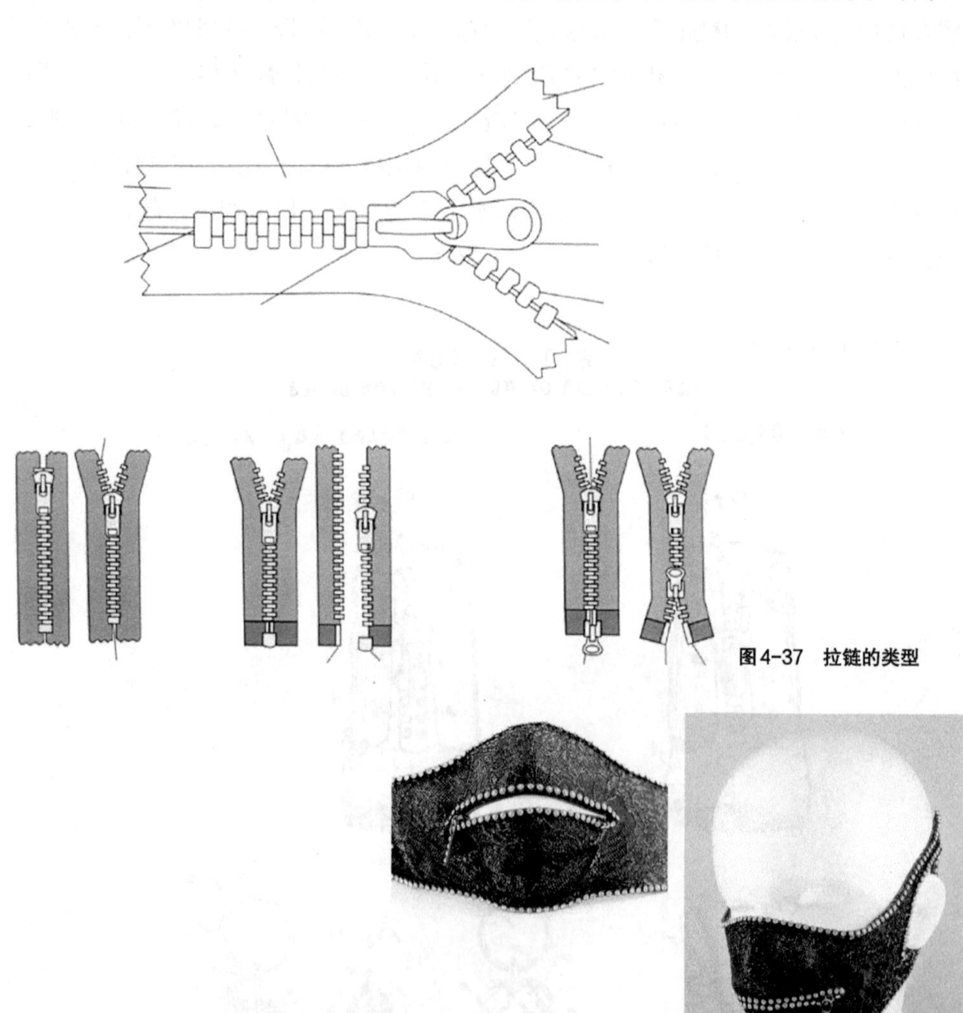

图4-37　拉链的类型

图4-38　时尚的拉链口罩

罩的概念，打破人们对口罩这一日常用品的偏见。这一产品中拉链的设计是一个重要的时尚元素。

（3）拼图

拼图是我国古老的益智玩具之一，其中最著名的是“七巧板”。古人尚七，用七块板来拼图，其中巧妙的形态契合设计、变化无穷的构图，起到活跃形象思维、启发智慧的功效，是中国古代数学与艺术的结晶。传到国外后，风行世界，号称“唐图”。

“唐图”，自然与唐代有关，它的发明是受了唐代“燕几”的启发。“燕”通“宴”，所谓“燕几”，就是唐朝人创制的专用于宴请宾客的几案，其特点是可以随宾客人数多少而任意分合。它的大致形制，在传世的《韩熙载夜宴图》中可见一斑。到了北宋，任官秘书郎的黄伯思对这种“燕几”作进一步改进，设计成六件一套的长方形案几系列，既可视宾客多少拼合，又可分开陈设古玩书籍。案几有大有小，但都以六为度，故取名“骰子桌”。他的朋友宣谷卿看见这套“骰子桌”后，十分欣赏，再为他增设一件小几，以便增加变化，所以又改名“七星桌”。七巧板的雏形，就在这兼备实用价值和艺术审美的形态契合中产生了。

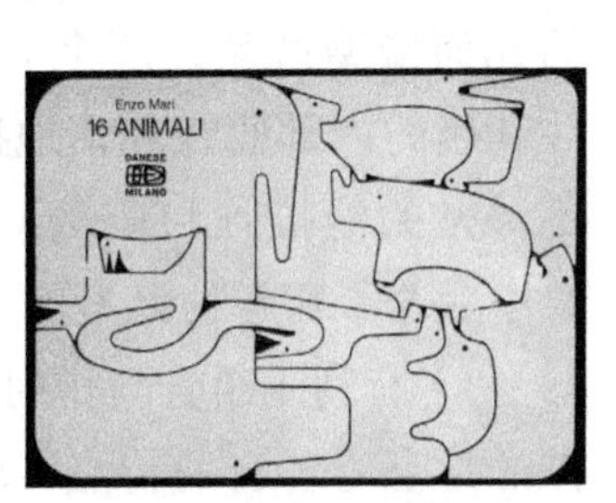

图4-39 木质拼图积木

由此看来，中国古代的这种契合设计思想，对今天的我们还具启发意义。在当今的市场上，花样繁多的纸质拼图、木质的立体拼图玩具等已成为儿童建立和开发立体概念的最佳道具（图4–39）。许多优秀的设计师也常将类似的概念运用到产品设计中，其产品给人一种充满了机智、巧妙和趣味的惊喜（图4–40）。

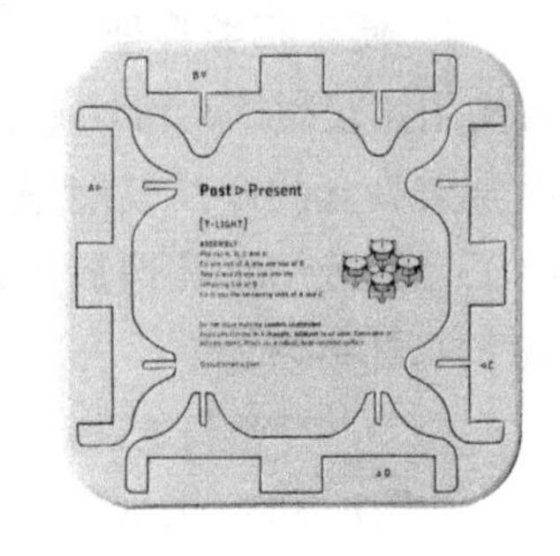

图4-40 纸质蜡烛架

4.2.2 契合构造的功能价值

契合构造设计，就是根据功能要求，找出物件之间的相互对应关系，如上下、左右或正反对应等，创造出来的物件相互配合，互为补充，由各自独立的构件“契合”为统一体，达到扩大功能、节省材料和空间、方便储存等功效。

1）有效利用材料。节约材料，如图4–41所示的椅子是意大利设计师西尼·博埃利和日本设计师托马·卡塔亚那吉合作设计的。设计者对材料即玻璃（12mm厚的弯曲水晶玻璃）的可能性和最深藏的潜力进行了研究，将整块玻璃根据功能要求进行切割，形成椅面、椅脚、椅腿不同功能区域。不仅使它获得连续、透明、幽灵般的形态，还最大限度地利用了材料。设计利用契合原理，使其形成优美的造型和流畅的线条。没有一点累赘的设计，理性的结构和感性的流露，在满足基本功能的同时，显示出浓郁的设计品位。

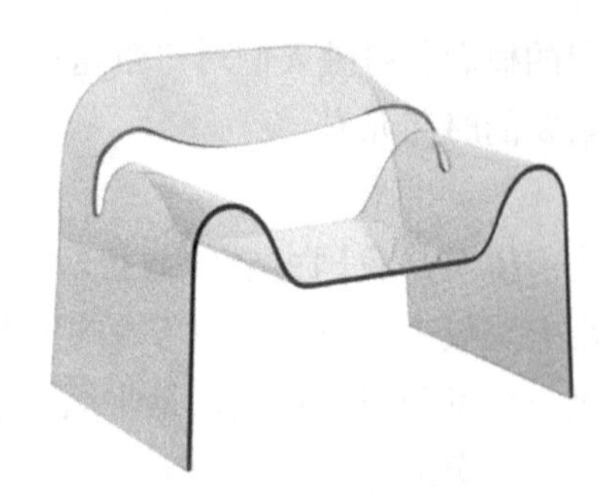

图4-41　魔鬼扶手椅

2）融机智于趣味之中。如图4-42所示的几何造型产品，两个大调羹咬合在一起，并和碗的内部曲线和谐地搭配在一起。这个不寻常的沙拉碗和调羹，“契合”的设计理念中融合了智趣的元素。

图4-42　沙拉碗和调羹

3）有利于组合与排列。独立的形态和整体的形态有各自的特点，单独的形态间是相互对应的，并以整体组合为前提。

4）便于归类管理。文具、五金工具工作时使用比较频繁，市场上有许多组合工具箱、组合文具盒的产品就能把这些具有不同功能的工具能分门别类地放置，有利于提高使用效率（图4-43）。

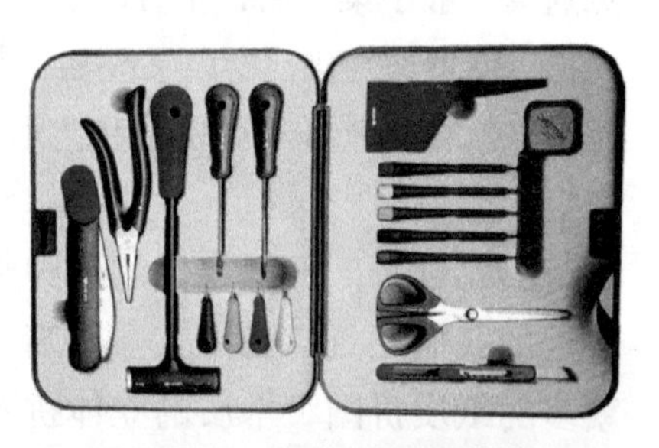

图4-43　组合式五金工具套装

4.2.3　契合构造设计案例

如图4-44所示是专为小学生设计的一套手工工具组合盒。这些工具的形态被设计成动物园中可爱的小动物形象，满足了儿童渴望了解世界的求知欲望。这一设计的最大特点是每个工具的形态同时又被设计成契合的形态，当使用完毕这些工具将它们归回工具箱时，这些“小动物”又成了一个统

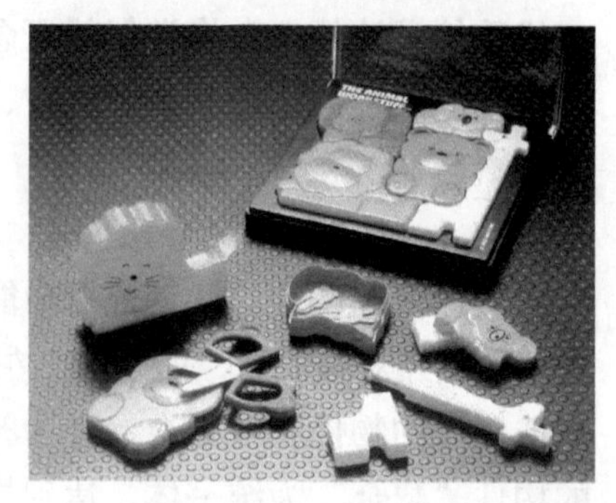

图4-44　儿童工具套装

一的整体，它们之间没有多余的空间，契合原理给设计带来了节约空间、携带方便等优势。同时，这些拼图游戏的收藏方式也给年轻的使用者带来某种乐趣，并培养他们做事的条理性，整理好各种工具而不至于最后散乱一地。在这里，设计师利用了契合构造，不仅满足和扩展了产品本身的基本功能要求，同时，这种巧妙的形态契合方式能在幼小的心灵中激发出创造的火花。

实验课题04：灯泡包装

· 选择合适的材料将一个或多个玻璃灯泡连接在一起，既要保护灯泡，又要便于打开；

· 具有安全性、展示性和操作性；

· 本课题有两个设计要点：一是定位（窝），二是拢住（卡、拦、抱）；

· 要充分体现材料特性、设计合理的插接结构；

· 原则：省材，结构简练和巧妙，不得使用胶粘剂；

· 不作材料表面装饰，以材质和造型结构体现美感；

· 并制作一份设计说明书，包括结构设计的描述性文字；

· 画出展开制图、产品使用状态的图片；

· 材料不限。

4.3　连接构造

连接构造的运用几乎存在于所有的制品结构中，如包袋的搭扣、皮带扣、门窗的合页装置、电子产品壳体自锁连接装置、火车车厢之间的拖挂装置等，构成制品的各个部件都需要依靠一定的连接结构构成整体。从中可以发现，连接方式和材料的特性有着直接的关系。而且对连接构造的设计研究也最能体现工业设计的水平。如德国的家具产品世界闻名，而该国的家具五金连接件的设计水平及质量更为设计界所瞩目：功能性好、巧妙灵活，处处体现“以人为本”的理念。所以探索和研究连接构造对设计创新有着重要的意义。

连接构造一般分为两大类：一是产品各个部分之间有相对运动的连接，称为动连接；另一种连接则是被连接的部件之间不允许产生相对运动的连接，称为静连接。在制造业中“连接”通常是指静连接，本节重点研究这类连接构造。

上述的“静连接”又可分为“易拆连接”和“固定连接”（图4–45）。易拆连接是不能损坏连接中的任何一方就可拆开的连接，并可以多次重复拆卸（图

4-46），本节列出了三种形式：插接、锁扣和螺纹（在机械制造中还有键连接、销连接等）；固定连接是指至少要损坏连接中的某一部分才能拆开，如铆接、焊接、粘结，在竹藤家具制作中还有捆扎和编结的连接方式。各种连接在设计上都要求耐久可靠、工作稳定、简单并易于加工。

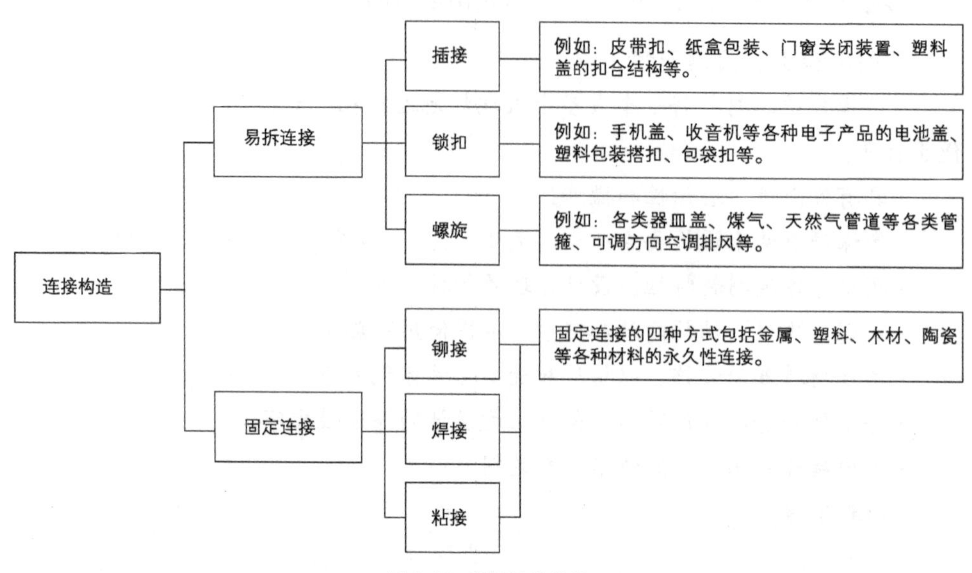

图4-45　连接构造分类

图4-46　易拆卸构件

（1）插接

插接就是在连接构件上的相应插装部位上进行连接，如皮带钮插入皮带孔、门窗上的插销及锁的装置等，如图4-47所示是纸的插接练习。插接是易拆连接中最为直观和最容易拆卸的结构，常用在构件的组装、堆叠及模块化设计中。

（2）锁扣

锁扣连接是靠材料本身的弹性来实现连接的（尤其是塑料构件），特点是结构简单、拆卸方便、形式灵活、工作可靠，在现代产品中应用极为广泛。家用电器中的外壳大多是由塑料构件组成的，由于塑料具有较大的弹性特征，易于靠部件结构的弹性变形来实现锁扣连接，而不必附加另外的弹性元件，无论在装配现场还是在使用现场，锁扣连接方式都比较快捷经济（图4-48、图4-49）。

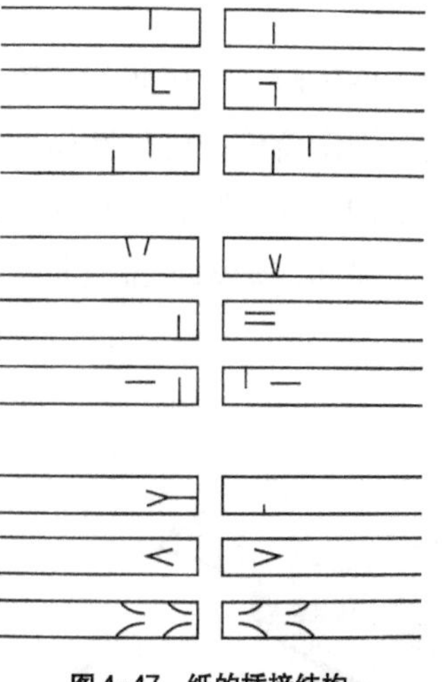

图4-47 纸的插接结构

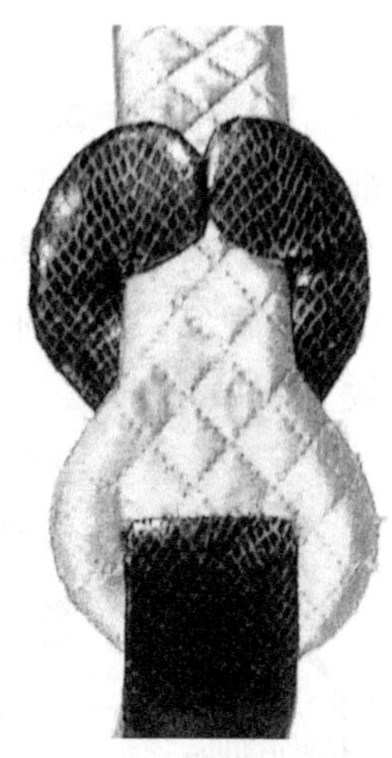

图4-49 弹性锁扣

锁扣结构给产品的装拆带来了很大的方便，而且几乎不影响制造成本，这里指的是对模具的复杂程度增加有限。设计时要注意材料的弹性变形能力、结构要求的固定力大小和拆装频繁程度等因素；设计锁扣的位置时，应避免装配后的锁扣处于尖角、开口或结合线处，因为这样会缩短锁扣的使用寿命。

图4-48 塑料袋锁扣

如图4-50所示是一个常见的塑料件锁扣结构，盒与盒盖的连接是靠材料本身的弹性和钩状形态来实现的。当需要关闭时，用力向左推动盒盖即可。当需要打开时，下压盒盖靠近钩的部位，同时向右推动盒盖。

过盈配合连接也可以归在锁扣式连接中，如笔类产品中笔帽与笔杆之间的连接，笔杆在某一部位有一个“肩膀”，其尺寸略大于笔帽，通过这种过盈接触面的摩擦力来实现连接。过盈量、过盈配合面积大小决定连接的稳定性和分开的方便性。当然，塑料制品可以运用上述连接方式，金属零件之间的过盈配合往往运用在装拆频度低的连接中，利用热胀冷缩原理才能进行有效的拆装。

（3）螺旋

日常生活中饮料杯、可乐瓶、牛奶瓶、糖罐、盐罐等瓶形容器的开启方式大都是螺旋结构，开盖关上操作简单，可靠性强。

普通药瓶也是螺旋结构，为了防止儿童在家长不在的时候擅自打开药瓶而发生误食现象，有一种药瓶盖同样是螺旋盖但儿童就是不能轻易打开，巧妙而又有效（图4–51）。

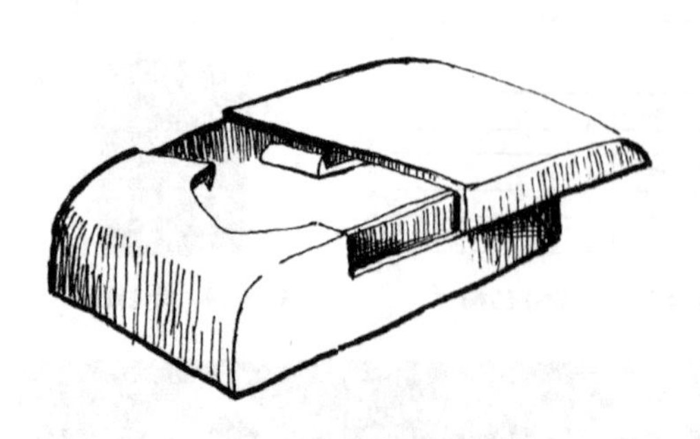

图4–50　塑料件锁扣结构

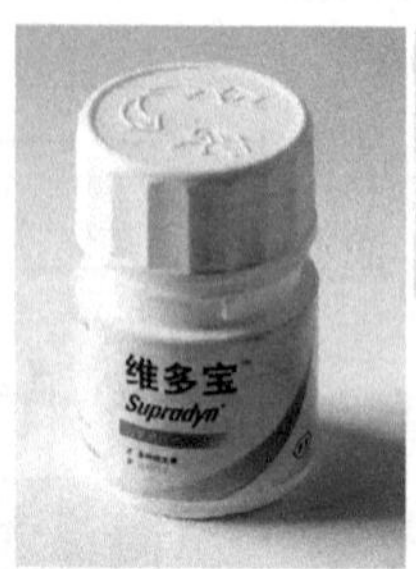

图4–51　防止儿童误食的药瓶盖

在交通工具的设计中为了防震动而引起螺丝松动的现象，常用弹簧垫圈，还可以在螺母上设计一个防脱自锁结构，简单而可靠（图4–52）。

管箍——螺旋连接的另一种方式，常用于管道连接和更换，如煤气罐、热水器导管等。管箍形式多样，其主要变化在锁紧装置上，如图4–53所示。管箍的主要结构为开口金属环，依靠螺旋装置调节开口大小实现箍紧。

（4）铆接

铆接是通过在构件上打孔再用铆钉铆合的连接方式。特点是工艺简单、成本较低、抗震、耐冲击、可靠性高，但铆钉孔削弱了构件截面的强度。铆接既可用于金属件的连接，也可用于非金属件连接。在抗振动和抗冲击的部位，铆接是比较好的选择，飞机机身就是采用铆接铝合金板成型的。

（5）焊接

焊接是产品外壳加工中常用的方式之一，主要是以金属薄板为材料。与其他连接方式相比，焊接的特点是：焊接方法多样，适用于不同用途，可单独使用，也可与其他成型方法结合或作为其他成型方法的补充，最终组合成型。如汽车外壳、车门主要是采用压力加工方法成型的，通过焊接进行组装，而油箱等密闭容器利用焊接方法进行密封。通常认为焊接部位容易出现开裂等现

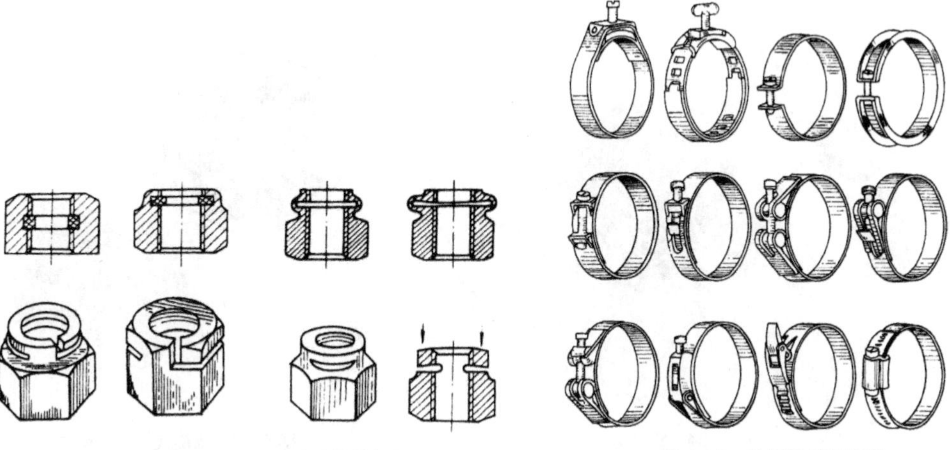

图4-52　具有锁簧功能的螺母　　图4-53　连接软管的管箍

象，事实上，焊接部位的强度常常超过构件本身的强度。焊接的缺点是：造型能力差，须借助辅助件造型；加工精度低；焊接产生一定的内应力，容易变形。

4.3.1　粘接

粘接是一种运用最为广泛的不用拆卸的连接方式。特点有：首先，可以在不同性质的材料中进行连接，如金属与玻璃、陶瓷、木材等非金属材料之间的连接，尤其是对复杂构件以及如果采用焊接容易发生变形的产品，采用粘接常常优于其他连接方式；其次，粘接的密封性能良好，产品表面平整，不需要辅助件等优点，对保证产品的优良的外观质量提供了保证；此外，产品的工艺过程容易实现自动化。不足方面是在耐高温、耐老化、耐酸耐碱、耐撞击等方面性能较差。尤其是在儿童玩具产品上要慎用，胶粘剂的溶剂常常是化学合成品，具有一定的毒性。

粘接性能的提高有赖于胶粘剂及粘结技术不断开发，其方向是开发快速固化的胶粘剂新品种（采用光固化、催化固化新技术），由有机溶剂型向水剂溶剂型和无溶剂胶粘剂发展，以减少对环境的污染。

除了粘接剂的考虑，合理的粘结接口也是设计的重点。其原则是：尽可能承受拉力和剪力；尽量增大粘结面积、提高承载能力；接头形式要平整、美观、便于加工。如图4-54 ~图4-56所示为各种不同的连接方式。

下面提供了几种典型连接构造形式，供学习时参考（图4-57）。

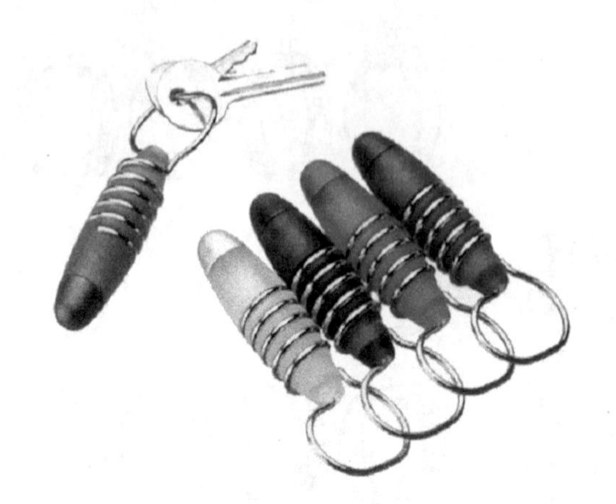

图4-54　钥匙环

图4-55　螺旋式可调排风口

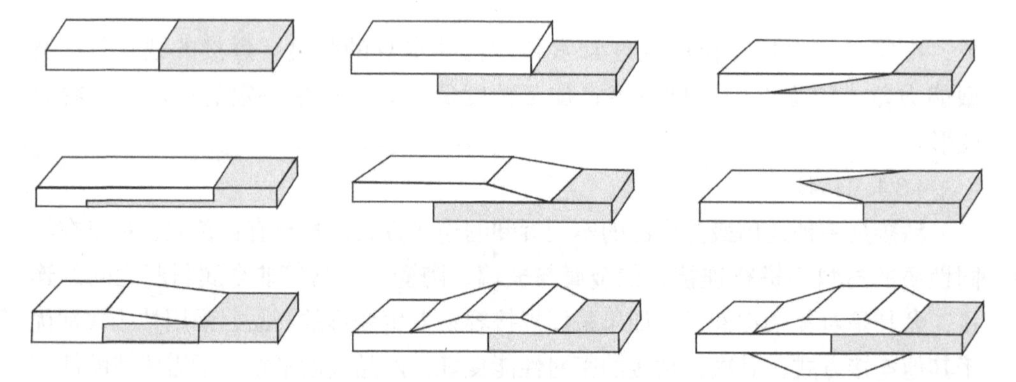

图4-56　粘接的接口形式

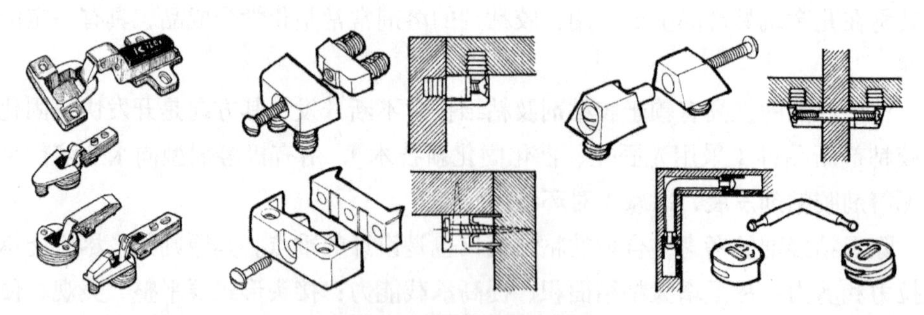

图4-57　现代家具五金连接件

4.4　壳体构造

“壳”在《辞海》中的意思是指坚硬的外皮。作为一种弧状的空间构造，“壳体”是最早出现在建筑中的术语，称为薄壳结构。众多建筑物中经常用到这种结构形式，例如香港的国际机场、大型体育场的屋顶等。它具有轻巧、坚固并能节省材料的特点，一般用钢、木、塑料制成，如用钢筋混凝土浇铸成各种形状。

这种构造是人类直接从自然界中得到启示后创造出的结构形式：自然界的壳体包括蛋壳、乌龟壳、坚果壳、贝壳和头颅，正是利用了壳体结构来抵御外力，保护自己。壳体又是一种富有视觉美感的构造体，饱满而富有力度，灵巧而富有动感，因而常常被应用于汽车、电子产品及各类日用品的外观造型。根据造型需要壳体可以加工成敞开式的，如锅、碗、瓢、盆，挡风玻璃，曲面塑料椅等；也可以加工成封闭式的，如球体、有机体等。一般来说，封闭壳体的强度要高于敞开壳体的强度，且不易被破坏，对内部有较好的保护作用，但使用起来却不如敞开壳体方便。

4.4.1　壳体的特性

壳体的表面形态多为曲面，将载重以压力、拉力及剪力的形式传递至支撑。由于壳体一般较薄，它无法抵抗因集中载重带来的弯曲应力。

壳体通常以形状来分类：球状壳体为两向弯曲的薄壳；筒状壳体则为单向弯曲的筒状或椎状薄壳，可用一张纸弯曲而得；鞍形壳体则包括圆锥状、双曲抛物线状薄壳。除此以外，还有未遵循计算公式的自由形。

壳体的加工方式有两种：一是将材料溶化或溶解稀释后浇铸或喷涂到模具的型腔内，冷却或凝固后固定成型，如塑料壳体结构、玻璃壳体结构、纸壳体结构、石膏壳体结构等；另一种是将具有延展性或拉伸性的材料，进行冲压或高温蒸煮后以加压等方式加工成型，如金属壳体结构、木材壳体结构（弯曲木）等。如图4-58所

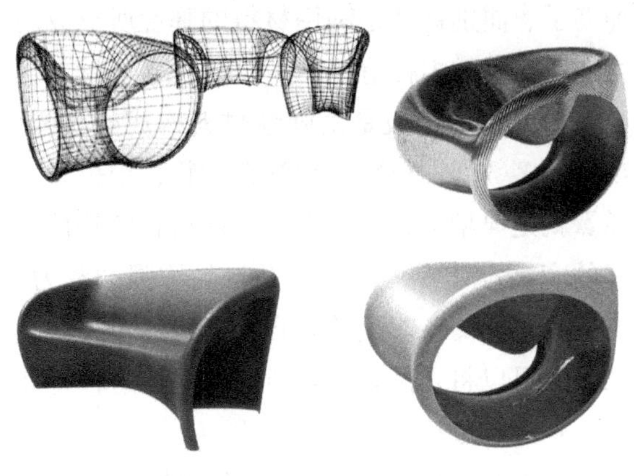

图4-58　MT壳体椅　设计：阿拉德

示的这款具有流线型壳体造型的椅子，采用了在家具制作中使用的工艺——压力冲模镁制造工艺。它被定义为20世纪新的审美标准，产生于近似于解剖学的和先进的精密机械的制造原理。

图4-59　无限攀登者儿童游乐玩具

4.4.2　壳体构造设计案例

如图4-59所示是一个名为“无限攀登者”的儿童游乐玩具，一个完全不同于传统游戏器械的发明。富有美感的壳体造型吸引儿童用各种各样的方式玩耍。自由流动的流畅形态挑战以往呆板的平面结构，呈现出有机运动的特点。儿童需要不断变换姿势，来攀登这个不断变化的器械，雕塑般的形态不仅在视觉上吸引人，更重要的是，它培养了一种正面的思维方式，有利于整个社区健康水平的提高。儿童在玩耍的时候，需要自己做决定，这样就锻炼了他们的自信心和集中精力做好一件事的能力。

4.5　弹力构造

弹力构造指的是利用材料的弹性来形成结构，例如人们日常生活中使用的各种夹子、曲别针就是利用材料的弹性所形成的物体。中国古代的兵器中的弓和弩就是典型的弹力构造（图4-60、图4-61）。

弹力构造一般是由弹性材料构成的。弹性材料是科技发展到一定程度的产物，大多数弹性材料是化学合成物，但也有一些物理性的弹性材料，比如传统的弹簧就是典型的弹性材料。弹性材料的特性相对温和，十分适合用在人性化或友好的产品设计中，可以帮助产品增强亲和力与生命力。如图4-62所示是获得红点奖的折叠漏斗。灵感来自于老式的单反照相机镜头外面的遮光罩。当不用漏斗的时候可以将它折叠起来节省空间，这种特性得益于特殊的软质弹性材料。

弹力构造特点：

a.必须在外力的作用下，弹力构造体才能发生作用；

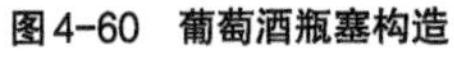
图4-60 葡萄酒瓶塞构造

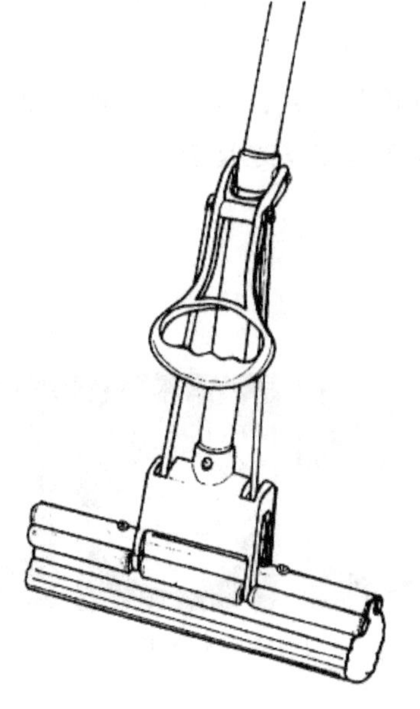

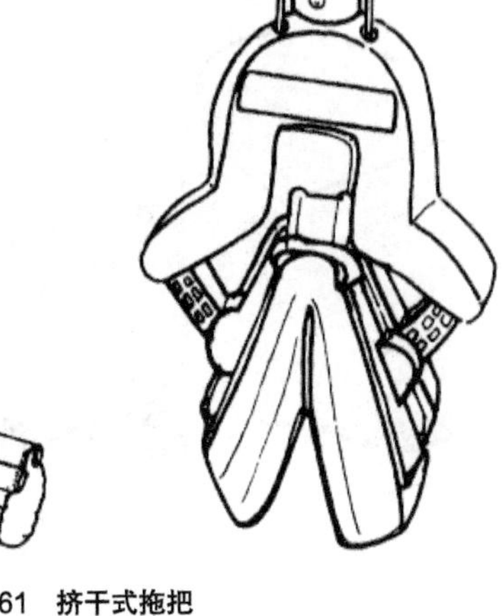

图4-61 挤干式拖把

b.弹力是一个双重概念，既包括压缩又包括伸展、即“压力”和“张力”。压缩是为了存储，伸展是为了使用；

c.需要注意的是，细长的材料，当受到来自两端的压力时，很容易发生弯曲，而受到牵引时，就能发挥很大的抵抗力。所以，细长材料更能发挥拉力效率。

图4-62 弹性漏斗

如图4-63所示是垃圾桶借鉴了折叠帽子的形式和帐篷的材质。松开包装，便可以完全弹展开来。弹性卓越的玻璃钢内撑能使整个垃圾桶形成一个平面，从而减少运输和包装的成本。

实验课题05：承重

· 瓦楞纸广泛应用在商品的运输包装上，但完成了包装功能随即成了废弃物；

· 本课题以包装瓦楞纸为材料设计能承受设计者本人重量且有0.3m跨度的构成体；

· 瓦楞纸有其脆弱的一面，也有其坚忍的特性，要充分利用这种材料特性进行结构设计；

· 要根据材料特性设计连接方式，不得使用铁钉以及胶粘剂，能自由拆卸；

· 用图解的方法画出构思过程及连接示意图。

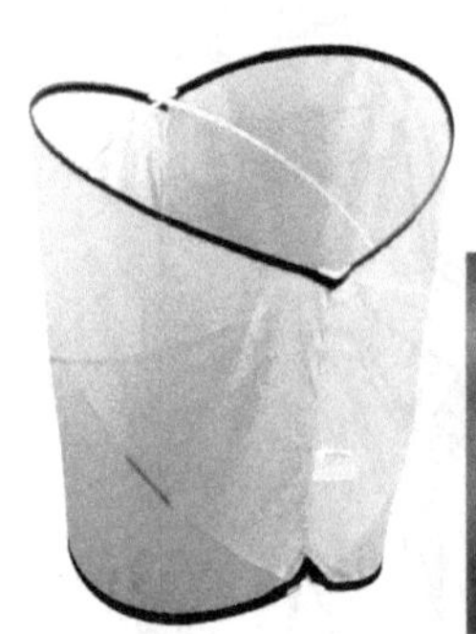

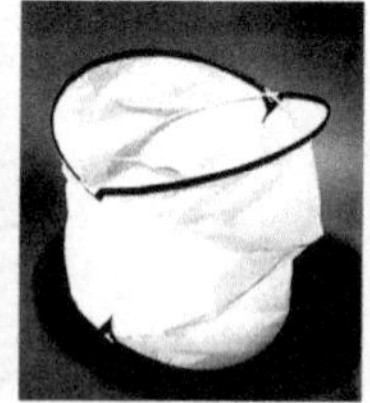
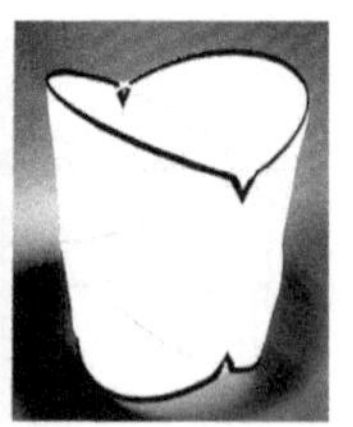

图4-63　弹力垃圾桶

4.6　气囊构造

日常生活中最为常见气囊物体大概是节日里形形色色的气球、救生圈、广告气膜等。气囊构造指的是能承受周围空气压力、传递和释放外力，并使柔性的薄膜充气后成为一个均质而有弹性的构造体。气囊构造一般采用柔软而有弹性的面料，经展开图的设计、裁剪、接合、填充介质后形成形态，如图4-64所示。不同的填充介质可以构造不同的形态，小至玩具，大至旅游帐篷甚至建筑构造。其特点是充气前后气囊在形态体积上发生重大变化，在移动性、经济性、收藏性方面有着无法替代的优势。

图4-64　热气球

4.6.1　气囊特征和设计要点

肥皂泡便是因气泡内外气压不同而形成的气囊构造。液体的表面张力可抑制肥皂泡的扩张。由于肥皂泡内的气压对各向都是相等的，便形成一个最小表面积的肥皂泡。空中的肥皂泡会是球形的，水中的会是半球形。但泡内压力的方向永远与表面垂直。如果气泡基座不是圆形的话，它会自动形成一个最符合泡内压力及最小表面积的形状（压力越大，其泡升得越高）。

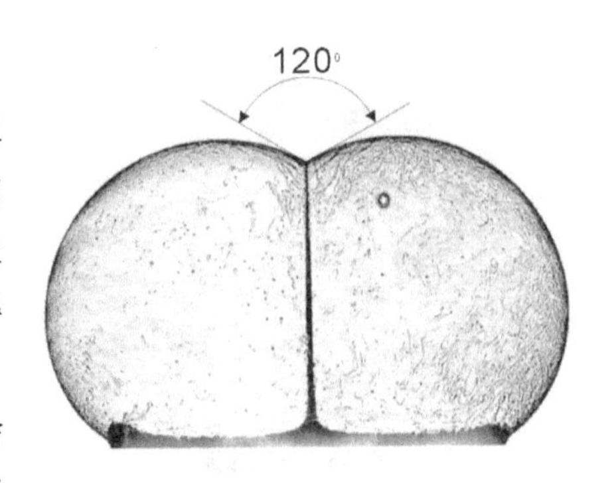

如果两个肥皂泡靠在一起，中间自然会形成120° 的隔膜（如肥皂泡尺寸近似，中间的隔膜则为平面）。至于隔膜之所以为平面，是因为隔膜两方的压力相等。而无论多少个肥皂泡在一起，它们相接的角度势必为120° （图4–65）。

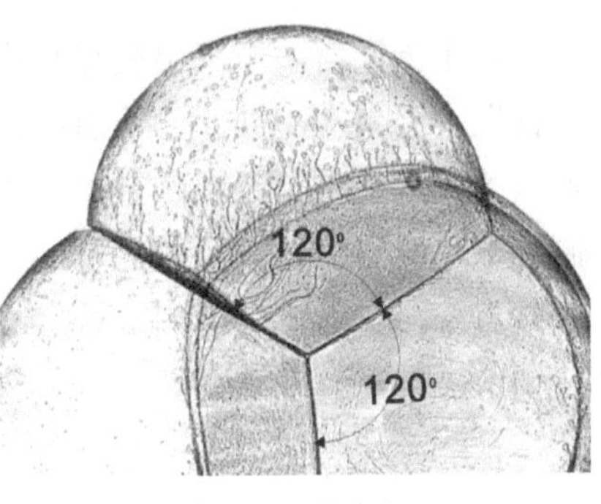

图4–65　肥皂泡

气囊构造设计必须符合三个力学条件：

a.构造必须具有抗拉作用，且不渗透内部气体；

b.构造体内的气体压力、各个部位的拉力必须保持均衡稳定，以保证充气后表面较少皱褶，饱满而挺拔；

c.构造体的内部空间要相贯通，以最大限度地发挥气囊整体的支撑作用。

4.6.2　气囊构造设计案例

案例一：充气帐篷

如图4–66所示的帐篷不由得让人联想到太空时代的充气建筑，没有过多的支撑架构。用两对“充气梁”代替了传统帐篷的支撑杆，并且只采用一个气阀。只要45s，这个迷你太空房就能呈现在我们的眼前。“充气梁”的外层耐磨性很好，内层气泡可随时替换。帐篷采用的硅树脂填充面料可保证良好的透气性，同时还能防止夜晚水汽入侵帐篷，人们在野外能享受舒适的睡眠。

案例二：国家体育场入选方案

如图4–67所示是中国国家体育场13个“优秀设计方案”中的B12方案，由北京建筑设计研究院设计。其设计理念是：取意于中国古代一种古老的祭祀仪式——投玉入波，暗示奥林匹克精神的无限延续和发扬，使其成为现代都市人的精神家园。

图 4-66　充气帐篷

图 4-67　中国国家体育场设计方案

这个方案有一个突出亮点是：体育场屋面采用世界上独一无二的“浮空开启屋面”，8根构架式龙骨、隔层网和氦气囊构成了巨大的飞艇式屋顶，20万 m^3 的氦气为飞艇提供了足够的升力。这个飞艇式的气囊造型不仅能通过精巧可靠的控制装置来满足体育场顶盖的开启、移动和关闭要求，还能通过浮游在高空以作为搭载巨幅广告的载体（图4–68 ~ 图4–70所示为应用实例）。

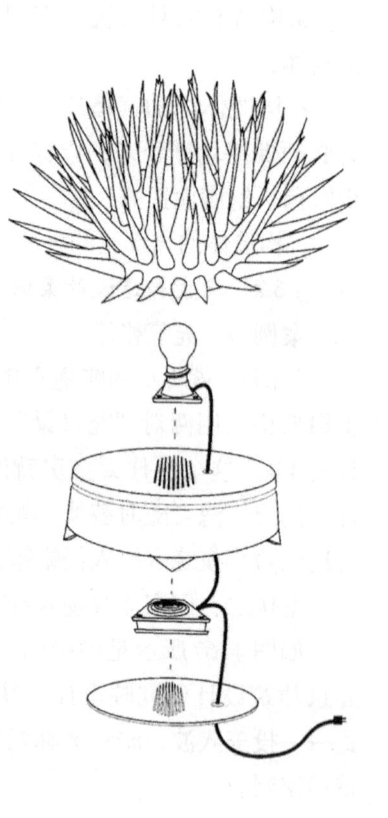

图 4-68　海胆灯

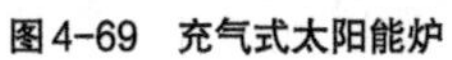

图4-69　充气式太阳能炉

图4-70　充气灯具

思考题08

- 选择一种小型日常用品，如灯具、钟表、鼠标等，通过测绘，画出构造图；
- 分析其构造与材料、连接方式的相互关系；
- 写一份该产品构造及其特点的分析报告；
- 报告规格：A4纸， 4页以上。

第5章 结构

- 教学内容：产品结构原理和运用。
- 教学目的：1. 用实践的观念来提高创新设计的能力；
  2. 提升对设计细节的敏感度，这是追求设计品质的基本态度；
  3. 动手制作的过程，加深对设计的认识与理解。
- 教学方式：1. 用多媒体课件作理论讲授；
  2. 小组讨论与个人独立做实验、在实验中试错、完善作业，教师作辅导和点评。
- 教学要求：1. 通过学习构造创新理论，掌握构造创新方法，独立完成作业；
  2. 强化动手与动脑能力，以提高判断力和构造成型能力；
  3. 通过对现有产品的解析，得到构造的较优解，实现构造创新设计。
- 作业评价：1. 探索实验及清晰的表达；
  2. 体现过程，而不是对某现成品的模仿；
  3. 构思新颖，视角独特。
- 阅读书目：1. 刘宝顺.产品结构设计[M].北京：中国建筑工业出版社，2009.
  2. 许或青.绿色设计[M].北京：北京理工大学出版社，2013.
  3. 梁惠萍.工业设计工程基础[M].北京：电子工业出版社，2004.

构造是产品的构成方式。由材料按照一定的方式组成，实现其产品功能。而结构是指产品各个功能部件的组成方式，如卡扣结构、插接结构、弹性结构等。此外，由于材料的特性而呈现出不同的结构特征，如木结构、钢结构、透明结构等。在产品设计中，结构不仅是实现产品功能的物质承担者，还丰富着工业产品的形态，是功能与审美的结合点之一。

如图5-1所示就是以结构和美学完美结合的经典设计，是由丹麦设计大师汉宁森设计的“防眩光结构”灯具。所以说结构决定了产品的功能和形态，并且涉及人机、材料、工艺、销售、美学等多种因素。这些工程知识是产品设计师必须具备的。前面提到过的著名工业设计大师罗维和克拉尼年轻时都具有良好的工程学背景。罗维有句名言：“当我能够把美学的感觉与工程技术基础结合起来的时候，一个不平凡的时刻必将到来。”

图5-1　PH系列灯具　设计：汉宁森（丹麦）

如果说产品造型是借助艺术想象力、经验和直觉，那么，结构设计更多的借助逻辑思维能力，这是一项复杂而又仔细的工作，设计师必须掌握和遵从某些原则，譬如力学原理、可持续发展原则等。传统工业社会的消费模式将自然资源转化为产品以满足人类自身的需求，而用过的物品被当作废物抛弃。消费越多，废物亦越多，而自然资源却越来越少，从而造成了资源的过度消耗和环境的退化。从这个意义上说，产品结构设计所要解决的就不仅仅是材料、工艺、结构等问题，还要从源头上融入“可持续”原则，才能提升人类生活品质。

“可持续发展”已成为当今社会方兴未艾的重要理念，在此理念下的产品设计有个形象化的名称：“绿色设计”，即在产品设计和生产的各个环节以节约能源资源为目标，减少废弃物产生，以保护环境、维持生态平衡。本章以“绿色产品结构设计”作为主要内容（图5-2）。由于作者本人曾在意大利米兰理工大学设计学院访学一年，本章部分设计案例采用该学院的学生作业。在表示感谢的同时，为我们展示了国外设计教学的理念和方法。

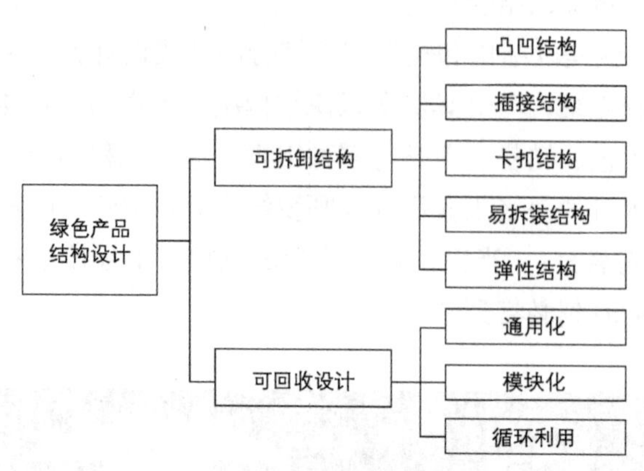

图5-2　绿色产品结构设计概念图

5.1　绿色产品结构设计

人类社会近百年的现代化运动创造了丰富多彩的物质财富，其主要手段和途径就是工业化。以批量生产的方式为大众提供各种人工消费品，创造了现代生活方式的同时加速了自然资源的快速消耗。尤其在商业利润的刺激下，甚至提出“有计划的废止制”，即通过人为的方式使产品在短时间内失效，从而迫使消费者不断地购买新产品。这种以经济利益驱动的商业模式造成的能源危机、资源匮乏、环境恶化的后果，迫使人们思考这种不可持续的经济发展模式能走多远。

早在20世纪60年代末，美国学者维克多·巴巴纳克（Wictor Papanek）在其《为真实世界而设计》一书中就强调设计师的社会责任和伦理价值。认为设计的最大作用并不是创造商业价值，也不是包装和风格方面的竞争，而是一种适当的社会变革过程中的元素。设计应该认真考虑有限的地球资源的使用问题，并为保护地球的环境服务。该书问世后不久美国就爆发“能源危机”，书中提出的“有限资源论”才引起注意。经济的“可持续”发展、“绿色设计”等概念从此受到重视。

“绿色产品”是20世纪70年代美国政府在起草环境污染法规中首次提出的概

念。由于对产品“绿色程度”的描述和量化还不明确，到目前为止还没有公认的权威定义。在名称上也不尽相同：环境协调产品、环境友好产品、生态友好产品等。就产品设计而言，绿色产品包含以下三个方面的内容：

（1）产品在生命周期全过程中利用资源和能源较少，并且不污染环境；

（2）产品在使用过程中能耗低，不会对使用者造成危害，也不会产生环境污染物；

（3）产品使用后易于拆卸、分解、回收、翻新或者能够安全废置并长期无害。

三个方面的前两项涉及材料、工艺、能源等因素，这方面内容本书不展开讨论。最后一项就是绿色产品结构设计的研究课题了，涉及产品易于使用、拆卸、维护等，还必须使产品报废后的可用部分得到有效回收和重新使用，实现其节约资源能源和保护环境的目的。绿色产品结构设计包含下列概念：

（1）基于减量与节约材料的设计

所谓减量就是在产品设计、生产、包装、运输的各个环节，包括原材料的使用、能源、包装物料等方面都要从结构设计本身来考虑节约资源。如图5-3所示是2002年德国“红点”获奖作品。其特点是酒标不是纸质标签，而是采用浮雕形式刻在啤酒瓶上，可以通过触觉认知品牌。这是典型的减量设计，节省了啤酒纸质标贴、贴标贴的胶水、回收啤酒瓶去掉标签的洗刷，以及一系列的人工水电费用等。

（2）基于分解与可拆卸的设计

产品的可分解设计主要体现在产品在包装上可以缩小体积，节约运输成本；产品报废后可以将不同性质的材料分别回收。过去木结构的家具都是整体销售、运输搬回家的。如果是高层住宅还要从窗外吊装上去才能搬进居室。现在的家具有部分是拆装式的，从商店买回来的都是板材，根据图纸就能简单安装。如图5-4所示的台灯就是一件典型的可拆卸产品，符合便于包装、网购、材料分解回收等绿色产品的多项指标。

（3）基于回收与再利用的设计

在产品设计的初始阶段就考虑产品废弃后的再利用，在绿色设计概念里称之为“全生命周期设计”。如图5-5所示的啤酒瓶的不同之处是其为方形的，这

图5-3　没有标签纸的啤酒瓶

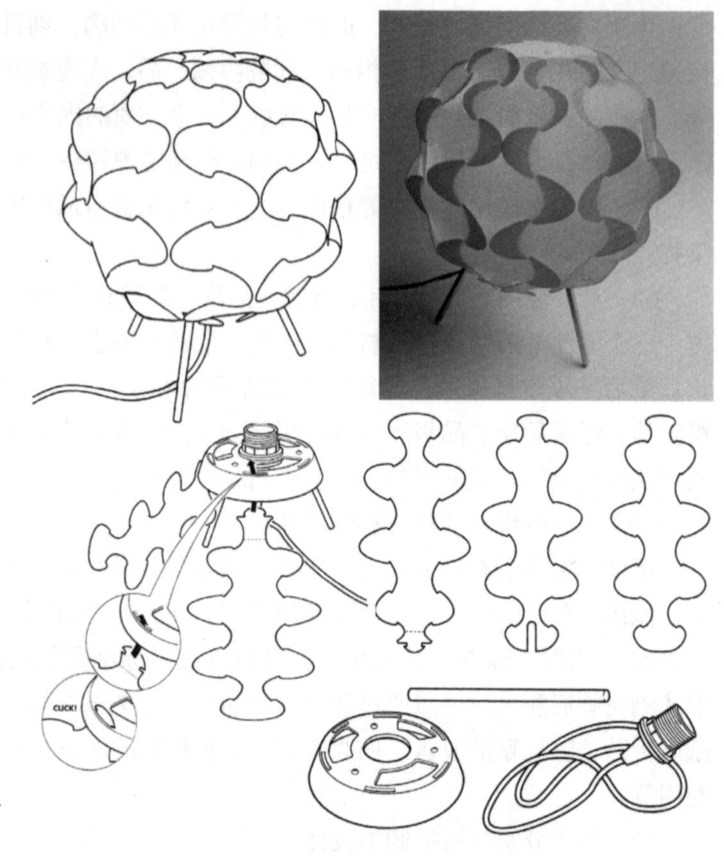

图5-4 部件材料完全分解的台灯

个概念的形成来源于一个小故事：荷兰喜力啤酒公司的总裁阿尔福德·喜力到安德列斯群岛旅行时，发现人们居住的简易小屋和街道上到处都有被丢掉的啤酒瓶。于是他产生了一个一箭双雕的主意——"生态啤酒瓶"，一改圆形瓶造型，而是四四方方的，可用作砖头，成为建筑材料。这种将产品的使用功能和再利用重新审视的方法在自然资源越来越缺乏的今天和将来显得尤为有价值。

图5-5 能再次利用的啤酒瓶

思考题09：

· 怎么理解可持续发展的概念？以某一产品为例，简述绿色设计与现代生活的关系；

· 制作PPT在全班交流（不少于10页）。

5.2 可拆卸结构

可拆卸结构根据其设计目标分为两类：一类是面向回收和再利用，主要考虑产品达到寿命终结时，尽可能多的零部件可以被翻新或重复使用，以节省成本、节约资源，或者把一些有害环境的材料安全处理掉，避免废旧产品对环境造成污染；另一类是面向产品维护的设计，提高产品的可维护性，在产品的生命周期内，便于零部件的维护。可拆卸结构设计的几个准则：

（1）明确拆卸对象。明确产品废弃后，可拆卸零部件的种类、拆卸方法、再利用方式等。

（2）减少拆卸工作量。减少零件种类和数量，简化结构，简化拆卸工艺，降低拆卸条件和技能要求，减少拆卸时间。在具体结构的设计中，尽量使用标准件和通用件，尽量使用自动化拆卸；采用模块化结构，以模块化方式实现拆卸和重用。

（3）简化连接结构。采用简单连接方式，减少紧固件种类和数量，预留拆卸操作空间。

（4）易于拆卸。提高拆卸效率，提高可操作性。

（5）易于分离和分类。应设置合理、明显的材料类别识别标志（如模压标志、条码及颜色等），便于分类识别、回收；尽量避免二次加工表面（如电镀、涂覆等），附加材料会给分离造成困难；尽量减少镶嵌物。

（6）预见产品结构的变化，即产品使用过程中由于磨损、腐蚀等因素造成的产品状态变化。

5.2.1 凸凹结构

汉字的“凸凹”两字就形象化地显示了这种结构的视觉特征。类似于平面设计的正负图形，早在1915年就以卢宾（Rubin）的名字来命名，又称为卢宾反转图形（图5-6）。平面设计中的正形与负形是靠彼此的边界来互相界定的，相互作用。当正负形相互借用，图形的边线隐含着两种各自不同的含义，称之为边线共用。而产品设计中的凸凹结构是一种基于三向度连接的结构。常见的凸凹结构可以分为平面结构和立体结构。

平面凸凹结构是一种基于平面正负图形进行形态匹配和形态契合，通过平面正负图形的纵向拉伸形成的三维契合结构。如图5-7和图5-8所示的无扣环手表表带，是一款基于注塑成型技术的平面正负结构表带。和常见的表带采用扣环结

图5-6　卢宾反转图形

图5-7　手表带结构细部

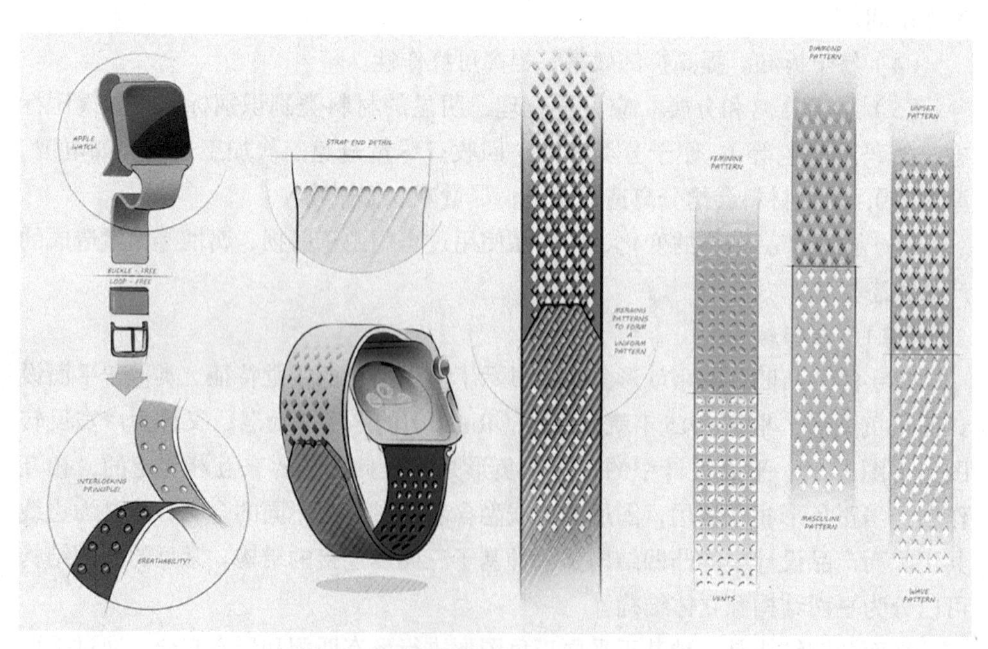

图5-8　手表带设计图　设计：Layer Design

构进行手表在手腕上的固定不同，它的设计是一个创新性的自锁式的固定系统。表带的内环是正负结构中的正形结构，采用的是凸起的菱形颗粒的设计，形成了富有节奏美感的内环结构。表带的外环是和正负结构中的负形结构。内环的正结构和外环的负结构，遍布整个表带的表面，使产品在不需要扣环的前提下还可以做到尺寸的自由调节和表带的固定。这款表带是自锁结构里面一款在现代材料和技术辅助下的巧妙设计。

立体凸凹结构比起平面正负结构就更为复杂，需要进行的空间形态匹配也更为复杂，日本设计师的筷子设计就是采用这种结构。如图5-9所示的两款利用立体正负结构设计的筷子。这两款筷子的主要设计诉求是，如何让一双筷子看上去更像是一个整体。富有曲线结构的筷子，在成对组合的时候可以合成为一体，呈圆柱状，需要时又能旋开。这款筷子里面巧妙地利用了正负结构原理，生动阐释了正负结构设计的魅力。

5.2.2 插接结构

插接是一种典型的可拆式固定连接结构，也是产品固定零部件常用结构，通常采用产品零部件上开槽或者切口的方式，进行装配上的匹配和安装。插接常见于板材类产品的结构设计之中，在单元面材上切出插缝，然后互相拼插，通过单元面材之间的互相钳制而建构出立体的形态（图5-10、图5-11）。

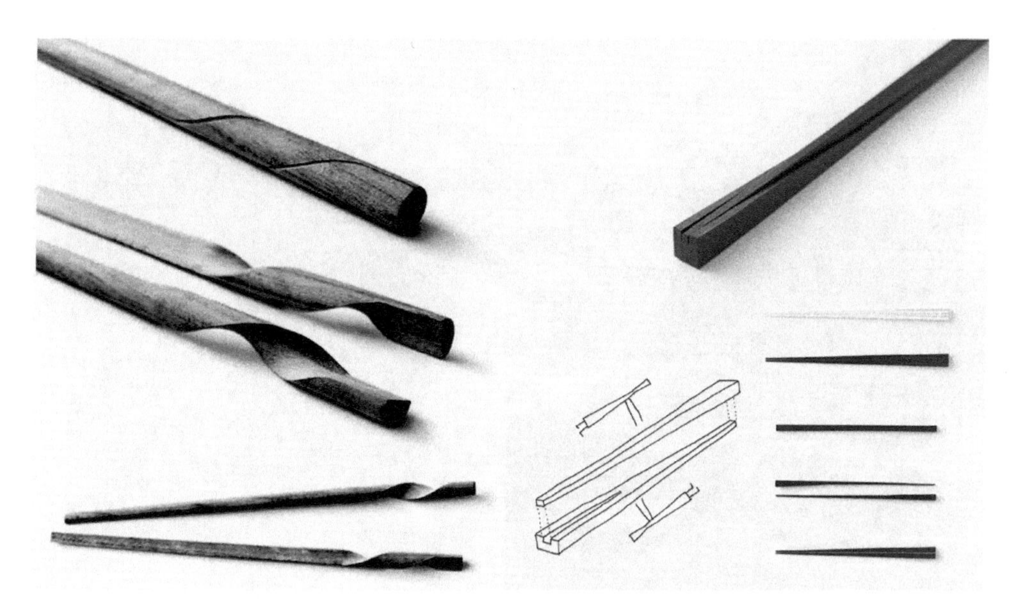

图5-9 kamiai rassen筷子设计 设计：日本Nendo设计工作室

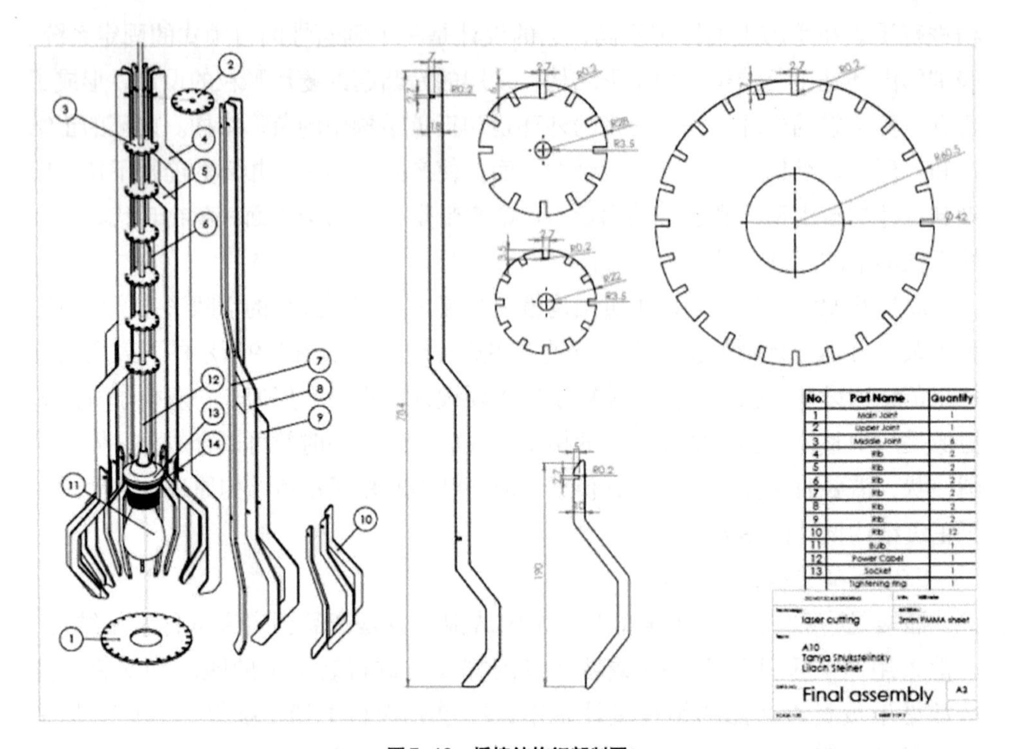

No.	Part Name	Quantity
1	Main Joint	1
2	Upper Joint	1
3	Middle Joint	6
4	Rib	2
5	Rib	2
6	Rib	2
7	Rib	2
8	Rib	2
9	Rib	2
10	Rib	12
11	Bulb	1
12	Power Cabel	1
13	Socket	1
	Tightening ring	1

图5-10　插接结构细部制图

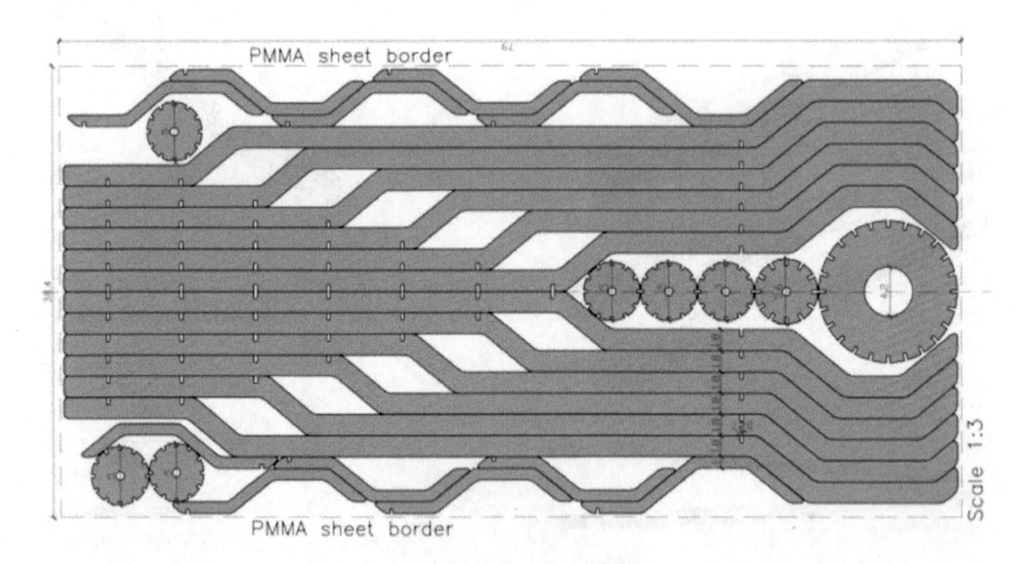

图5-11　BIG LIGHT排料图

日常生活中经常会遇到用插接方式的用具连接、固定、悬挂等。还有产品在互相固定的零部件上设置相应的插接结构以便安装和拆卸，特别适用于模块化的系列产品。如图5-12和图5-13所示的两件灯具作业，都是采用亚克力板材，经过激光切割，利用零件的切口，进行零件之间的拼插，而形成稳定的灯具造型。

如图5-14所示是以竹合板为材料的包装盒。盒体的六个侧面板是采用插接结构设计，不用胶水等胶粘剂，借助结构的自锁功能组成一个结构稳定的盒体；竹子的物理性能保证了包装盒可以反复使用，而且竹材具备可降解性质，可以进一步减少包装物料对于环境的影响。可作为高档商品的包装，如瓷器、茶叶、工艺品、礼品等，当包装功能完成后可作为收纳盒，起到一物多用的作用。

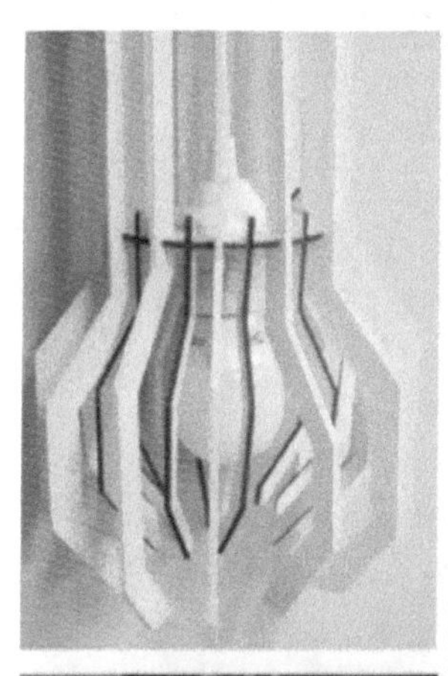
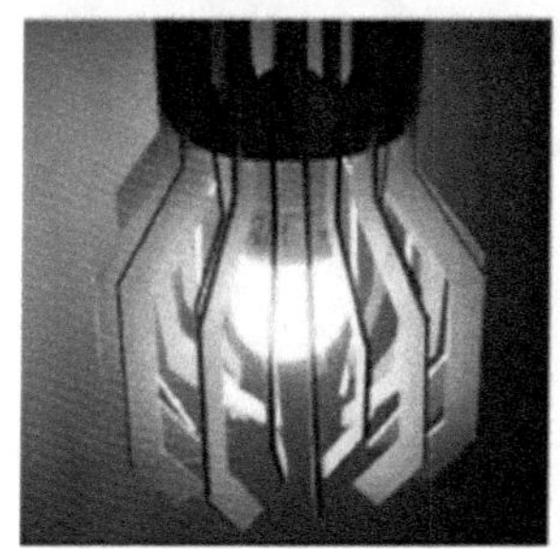
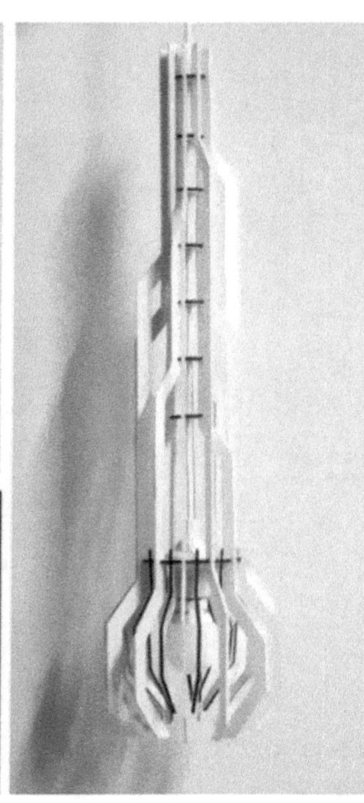
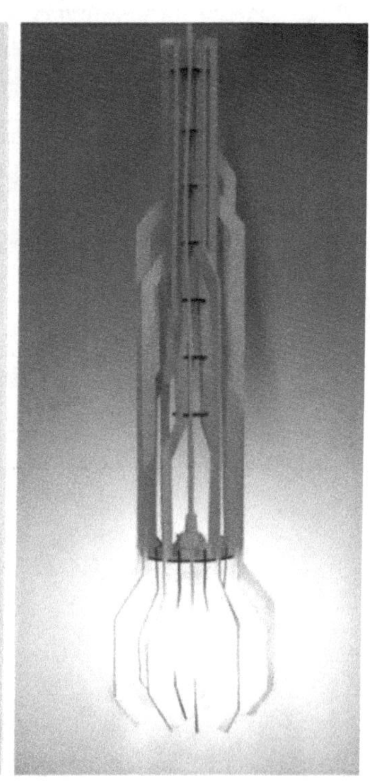

图5-12　BIG LIGHT灯具模型

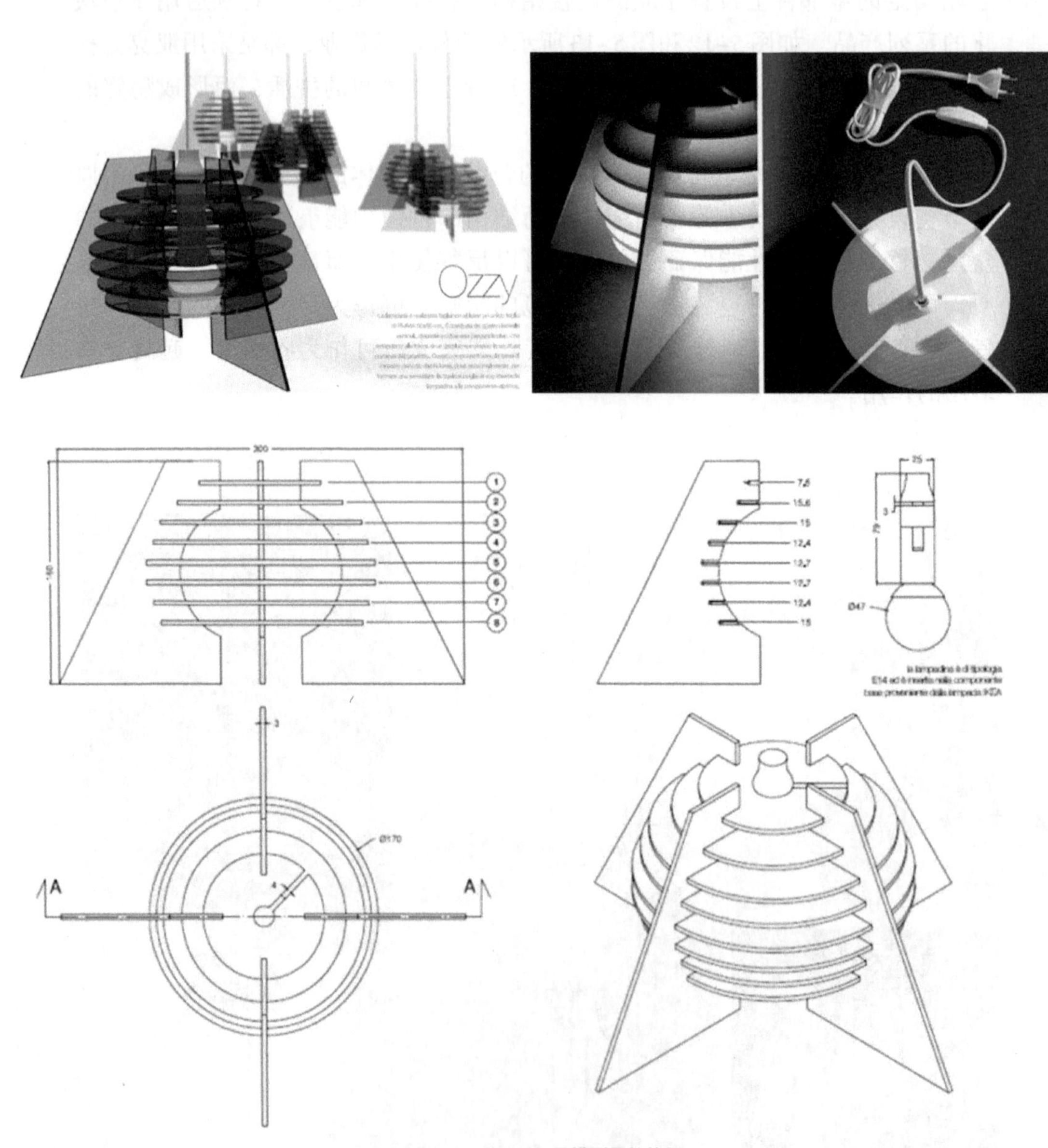

图5-13　OZZY灯具模型及结构图

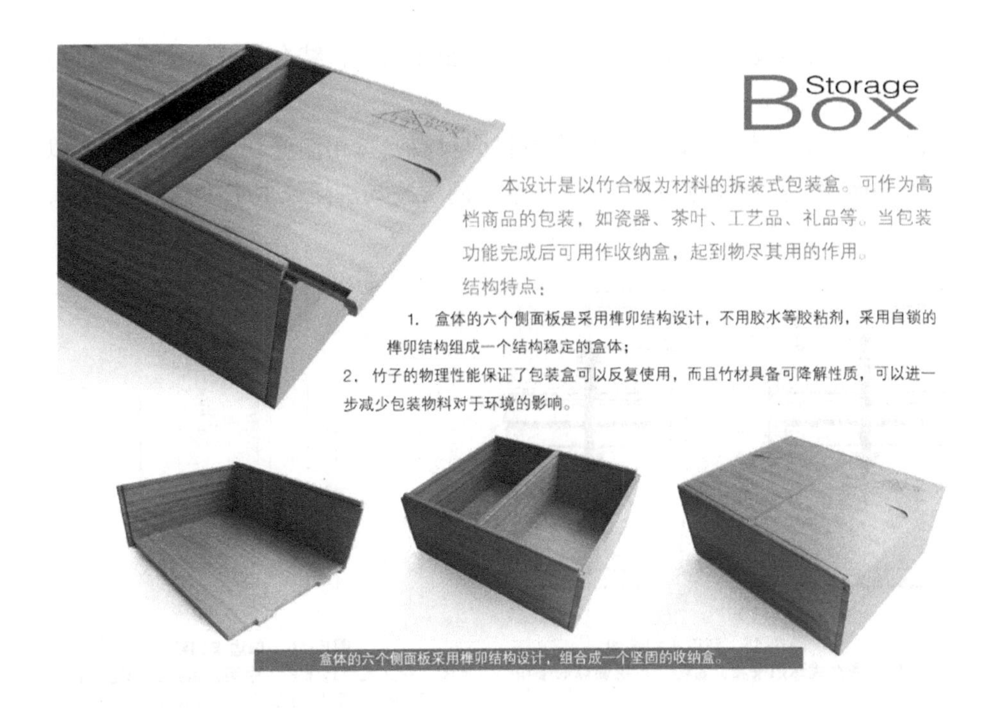

图5-14　包装箱　设计：叶丹

5.2.3　卡扣结构

卡扣结构是一种方便快捷而且经济适用的产品装配结构，在产品设计中有着非常广泛的应用。出于安装简便和生产成本的考虑，卡扣结构在产品结构中越来越重要。卡扣结构避免了螺纹连接，夹紧、粘贴等其他的连接方法，是因为卡扣的组合方式在装配的时候不需要配合其他的紧锁零件，只需要互相配合扣上即可。

卡扣的设计可以有很多几何形状进行互相的装配配合，但是其操作原理大致相同：当两件零件扣上的时候，其中一件零件的钩形伸出部分被相接零件的突出部分推开，直至突出部分安装到位为止。同时，借助塑性材料的弹性，钩形伸出部分及时复位。

卡扣结构按形式可以分为两种：环形卡扣结构和单边卡扣结构。按照功能来分，可分为永久型和可拆卸型（图5-15、图5-16）。永久型卡扣结构的设计方便装上但不容易拆下，可拆卸型卡扣结构的设计则安装、拆卸均十分便捷。其原理是可拆卸型的钩形伸出部分附有适当的导入角和导出角，方便安装和拆卸。导入角和导出角的大小直接影响安装和拆卸时所需的力度。永久型的卡扣结构只有导入角而没有导出角的设计，只要安装完毕，结合部分就会形成自锁的状态，不容易拆下。

如图5-17所示是一件以木质纤维板材为材料，运用激光切割进行加工，以可拆卸卡扣结构为主体的灯具设计。与常见的层叠式拼插或十字拼插结构不同，

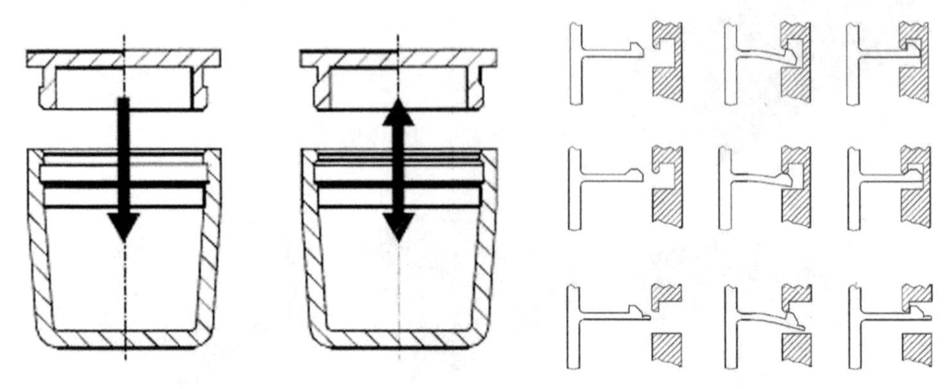

图5-15 环形卡扣结构
左图：永久式环形卡扣，右图：可拆卸环形卡扣

图5-16 单边卡扣结构
上图：永久式单边卡扣，中图：可拆卸单边卡扣，
下图：需要外力作用才可分离的单边卡扣

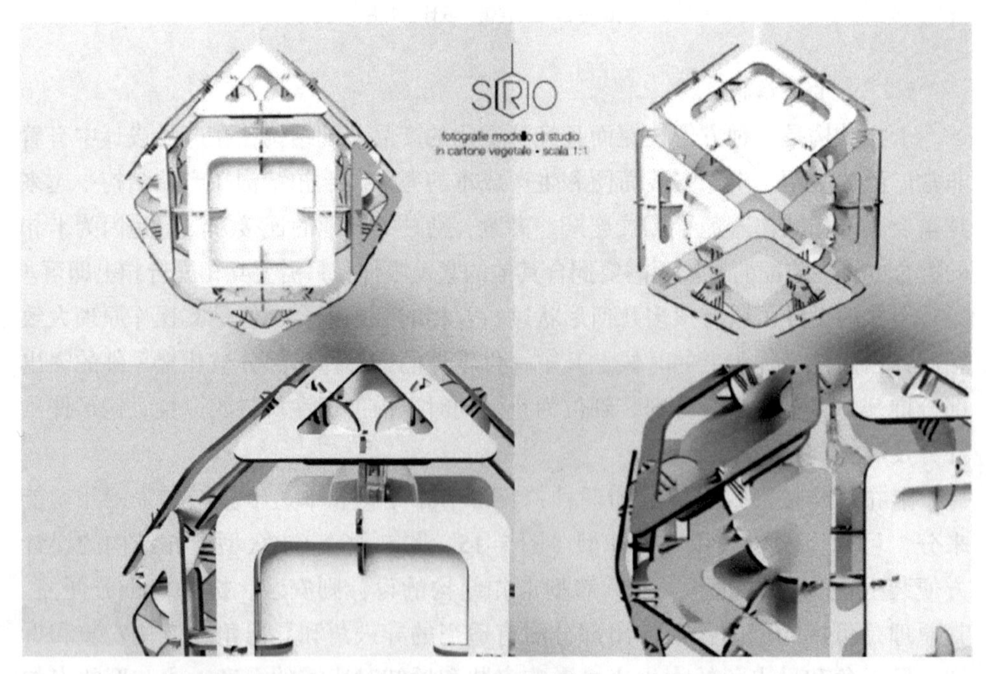

图5-17 SRO灯具模型

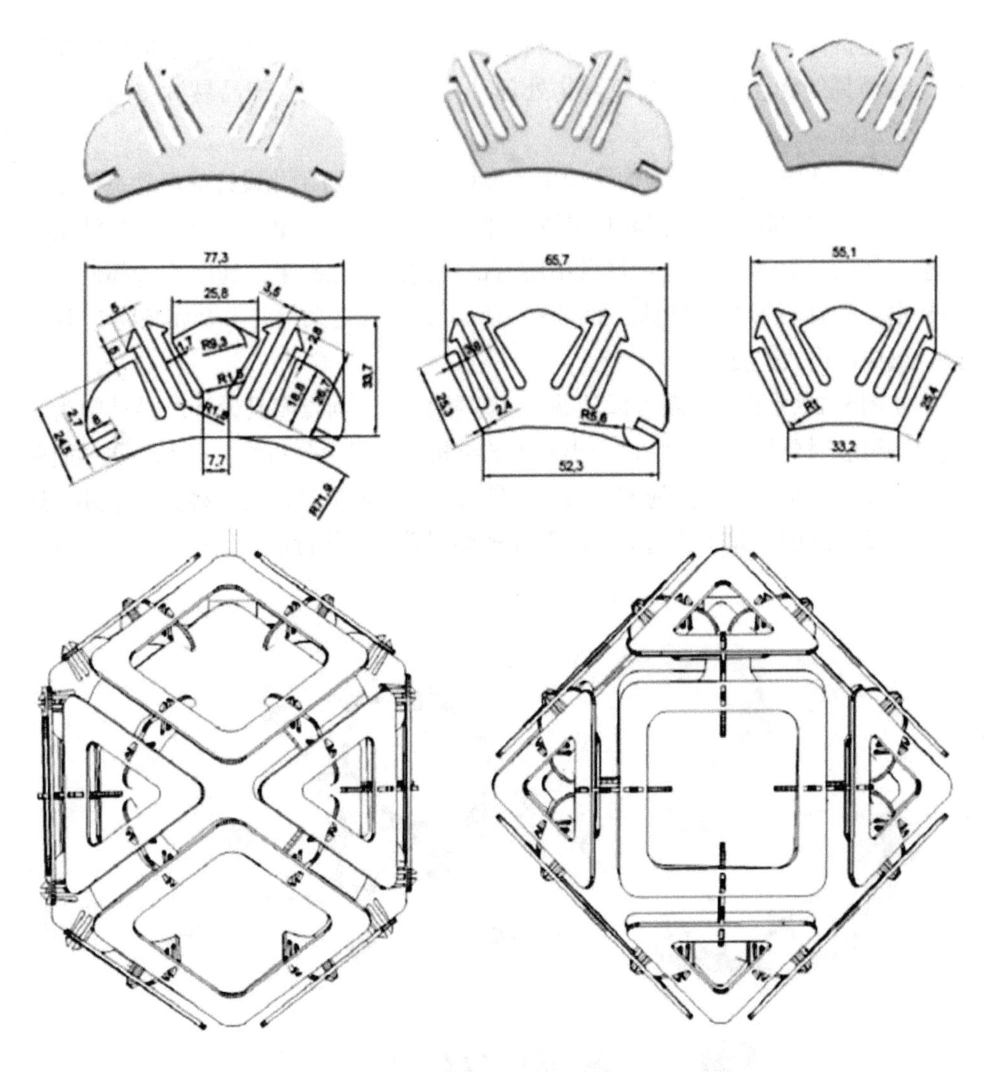

图5-18　卡扣结构及装配图

卡扣结构的产品更稳固耐用，并拥有良好的可拆卸性能。发光的灯头隐藏在灯具造型之中，光线通过反射和折射将光线弥漫出来，形成别有情趣的光环境。

5.2.4　易拆装结构

易拆装结构是指设计时考虑到实际使用情况，将产品的各个部分设计成在一定范围内可以进行组合变化的结构，形成特定结构的功能器具。在使用的时候，可以方便地把产品部件组成一个整体。在不需要使用的时候，又可以把它们方便地拆除。易拆装结构，既有利于产品的保管，方便运输，这是易拆装结构显而易见的优点。在目前废弃物处理日益严峻的今天，产品易拆装的结构已经非常重要。

易拆装结构含有产品结构设计中的模块化设计和通用化设计的概念，便于有效利用资源和回收利用，同时也可以增加用户的参与热情和使用度，为生活增添情趣。如图5-19所示为这款灯具中所有部件的形态和数量，利用这些部件可以拼装出一款钻石形态的灯具。如图5-20所示的灯具是采用三根金属条将17片亚克力组成的塔式造型。

如图5-22所示是一款可以让购买者轻松拆装的创意家具设计。设计师为了使用户组装时更加方便，将这个小凳子的结构设计得十分巧妙，只需要通过简单的插接就能够组装出结实的家具来，组装过程也如同安装玩具一样充满乐趣。这个可爱又美观的小凳子造型上并没有太多特别之处，其特色在于这款凳子的各个

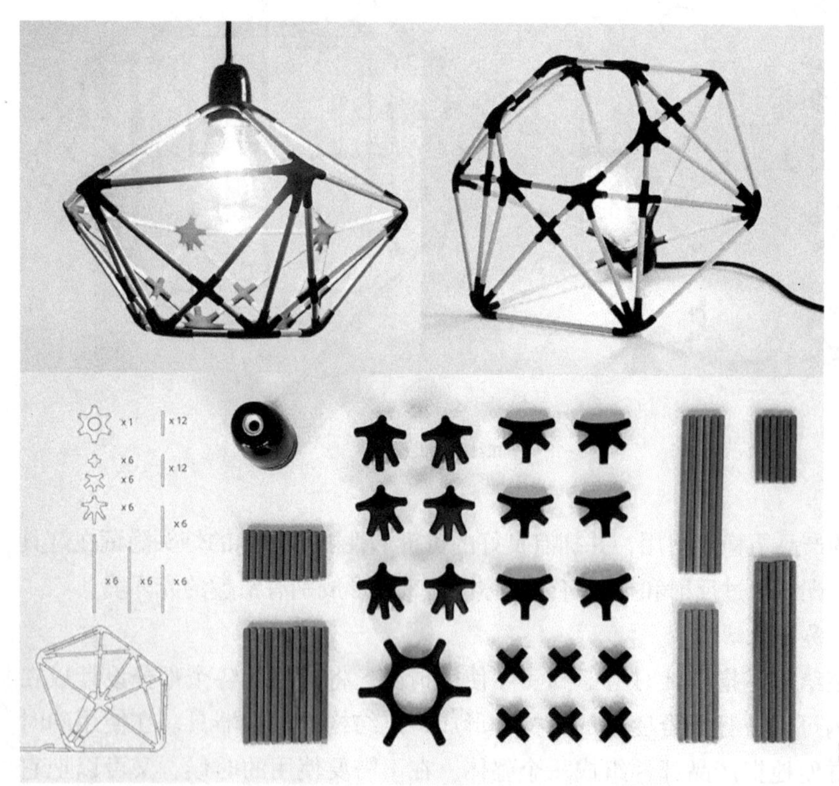

图5-19 钻石灯及组件

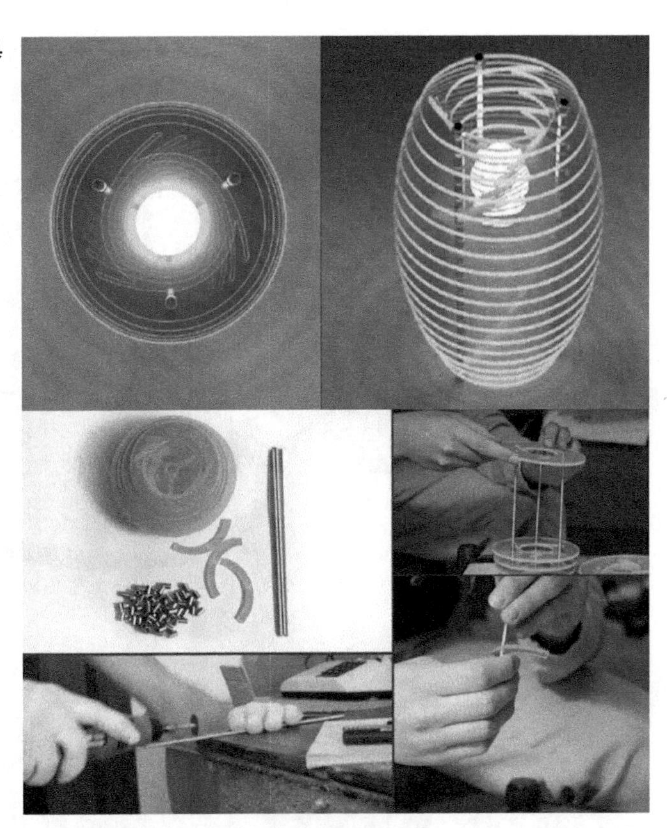

图5-20　塔式灯具

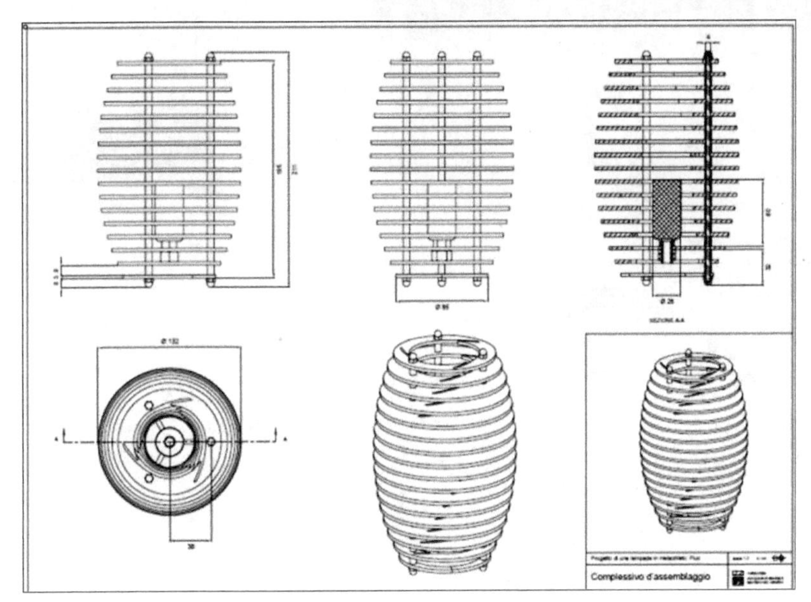

图5-21　灯具制图

图5-22　小凳子及易拆装结构　设计：Zanocchi & Starke

部件的衔接没有采用螺丝螺帽的常规设计，而是采用了榫卯结构的穿插镶嵌技艺。将各个部位设计出了如同积木一般的卡槽和装置，让用户可以轻松地进行组装，在组装的过程中充分体验到孩时的玩乐乐趣。

5.2.5　弹性结构

弹性是一个物理学名词，是指物体在外力作用下发生形变，当外力撤销后能恢复原来大小和形状。将弹性的原理运用到产品结构中，会形成一些巧妙的设计。弹性结构在产品中的运用可以在两个方面：a.运用具有弹性的材料来完成固定、安装、紧固等（图5–23）；b.运用材料和结构的弹性特点来实现产品功能。如图5–24所示的“聪明的咖啡桌”，就是一款利用弹力绳自锁结构的咖啡桌。

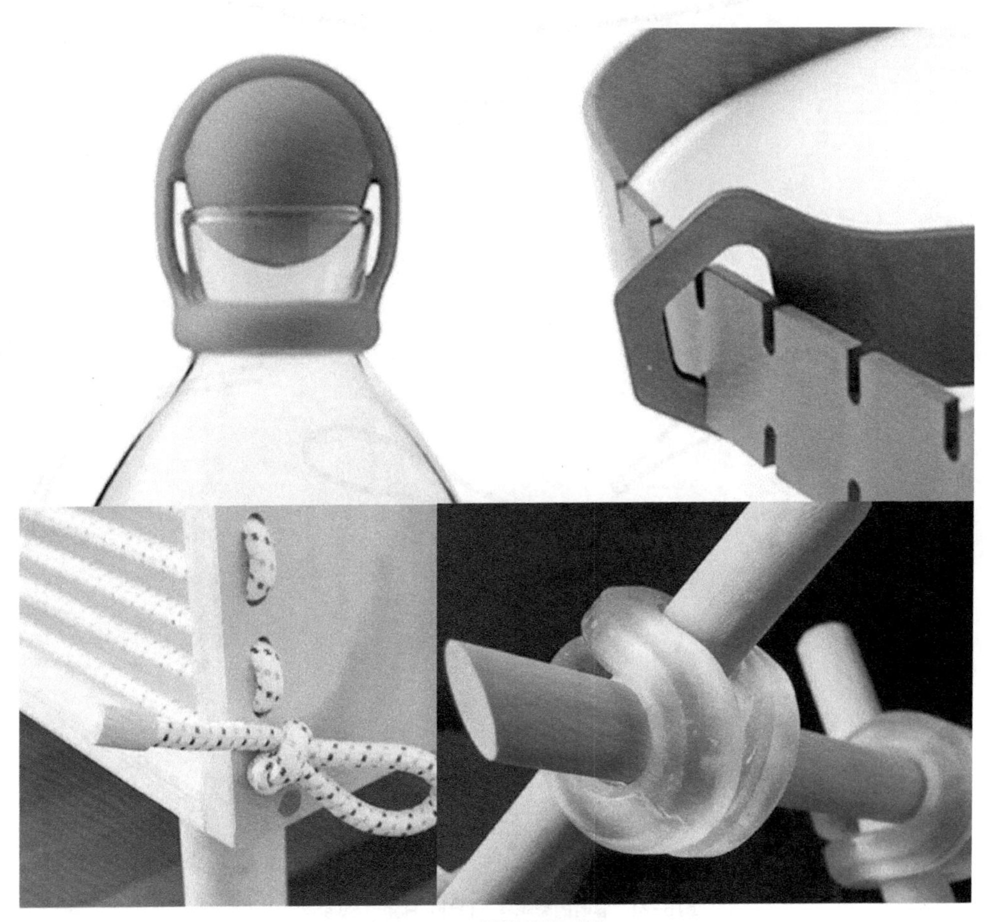

图5–23　弹性材料的连接

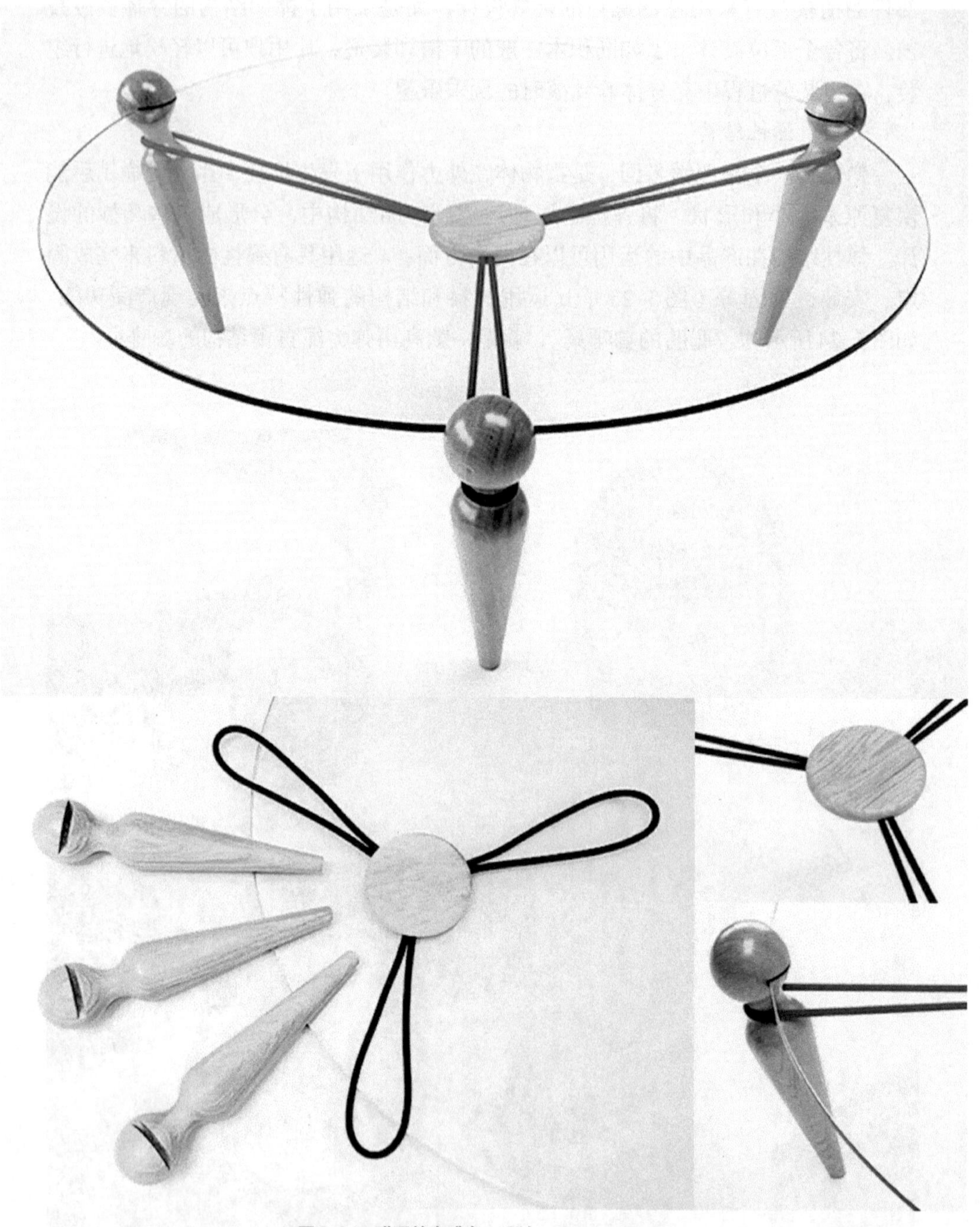

图5-24　聪明的咖啡桌　设计：Henry Swanzy

如图5-25所示的打蛋器设计，运用材质自身的弹力，上下按压便可实现旋转功能。简单的工艺、低成本的方案、高效率实现功能，是这款产品的设计亮点。智利设计师受到拳击比赛的拳击台的启发，设计了一款木质结构为主，结合松紧绳（也叫弹簧绳，皮筋绳）设计的边柜（图5-26）。松紧绳可以很容易地从边柜上装配或拆卸，松紧绳的运用在于展现边柜里面放置的物品，同时又隐藏了边柜中放置的物品。柜子的边板采用的是多层板，配以木质桌脚，而松紧绳具有高度的弹性。它们的拆卸非常便捷，并且提供了一种特殊的使用效果。

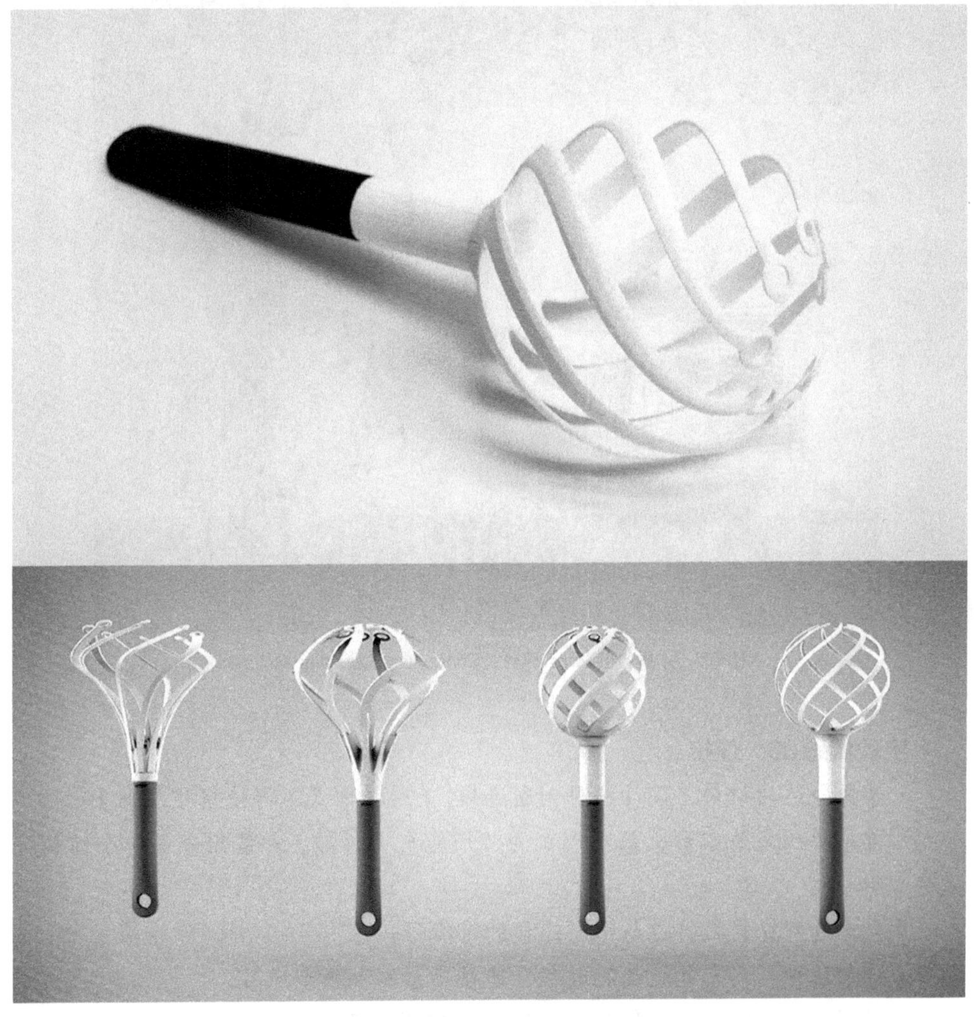

图5-25　打蛋器　设计：Antonio Meze

图5-26　木质边柜设计　设计：Emmanuel Gonzalez Guzman

实验课题06：连接

· 寻找合适的材料，设计一种创新连接。（连接方式不得使用胶粘剂）；

· 首先要确定基本形，基本形之间必须能自由拆卸，并能组合成一个结构稳定的整体。

· 要充分研究材料特性与形态连接的可能性；

· 样本设计：内容包括构思过程、连接示意图和模型照片；

· 模型尺寸：160mm × 160mm × 160mm 范围之内。

5.3 可回收设计

产品的可回收性和产品的结构设计密切相关。若产品不按回收性或者重用性来设计结构，其能够回收的零件数量会很少；反之，在设计最初阶段就考虑到产品未来的回收及再利用问题，可使产品的回收利用率大为提高，从而可以节约材料和相关开发生产的费用，并对环境污染影响降低。可回收性设计已成为产品设计环节的重要概念。可回收性设计主要包括：

（1）减少产品中不同种材料的种类数，简化回收过程，提高可回收性；

（2）连接件应具有易达性，降低拆卸的困难程度，减少拆卸时间，提高拆卸效率；

（3）提高重用零部件的可靠性，便于产品和零部件得到重用；

（4）便于翻新和检测，以简化回收过程，提高回收价值；

（5）提高零部件的通用性和互换性。减少零件数量，减少拆卸工作量；

（6）尽可能采用模块化设计，使各部分功能分开，便于维护、升级和重用。

5.3.1 通用化

产品通用化是指同一类型不同规格或不同类型的产品和装备中，用途相同、结构相近似的零部件，经过统一以后，可以彼此互换的标准化形式。对某些零件或部件的种类、规格，按照一定的标准加以精简统一，使之能在类似产品中通用互换的技术措施。经过统一后，可通用于某些产品中的零件或部件，称为“通用件”。

通用化结构是最大程度地扩大同一单元适用范围的一种标准化结构形式。以互换性为前提，互换性有两层含义，即尺寸互换性和功能互换性。功能互换性问题在设计中非常重要。通用性越强，产品的销路就越广，生产的机动性越大，对市场的适应性就越强。

产品通用化就是尽量使同类产品不同规格，或者不同类产品的部分零部件的尺寸、功能相同，可以互换代替，使通用零部件的设计以及工艺与制造的工作量都得到节约，还能简化管理、缩短设计试制周期。如图5-27所示是三种不同功能、形态各异的家具产品。它们都是由如图5-28所示的通用部件和多层板组装而成。只需利用不同规格的多层板进行组合设计，就可以形成不同的产品。

系列产品的设计要全面分析产品及派生系列中零部件的个性与共性，从中找

图5-27 三种不同功能、形态各异的家具产品

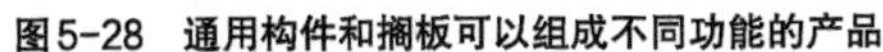

图5-28 通用构件和搁板可以组成不同功能的产品

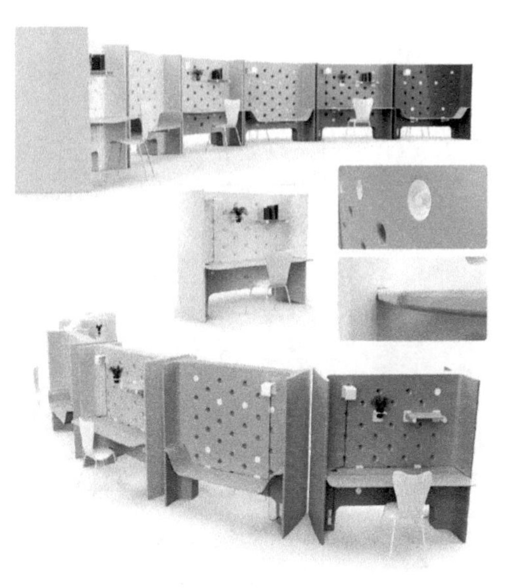

图5-29 模块化办公桌椅

出具有共性的零部件，先把这些零部件作为通用件，再根据情况设计成标准件。对系列产品中的零部件经过认真研究和选择后，能尽量通用化设计，这叫全系列通用化。而设计单一产品时，也尽量采用通用件。新设计的零部件应充分考虑到后续产品，逐步发展成为通用件。

5.3.2 模块化

模块化与通用化有着密切的关系，要通用化必须首先做到模块化；反之，模块化的好坏又以通用化为衡量的标准之一。通用化重点强调规范、标准，是通过贯彻统一的标准和规范来实现的。

产品模块化设计是将产品分成几个部分，也就是几个模块，每个模块具有独立功能，模块之间具有一致的几何连接接口和输入输出接口，相同种类的模块在系列产品中可以重用和互换，相关模块的排列组合可以形成功能多样的产品。通过模块的组合配置，就可以创建不同需求的产品，满足客户的定制需求；相似性的重用，可以使整个产品生命周期中的采购、物流、制造和服务资源简化。

如图5-29所示的模块化办公桌椅，分隔板和桌面都可以根据用户需求进行不同的组装和定制，兼具通用生产、安装的同时，还可以通过分隔板上的安装附件和桌板安装高度和方式，为用户营造个性迥异的个性化办公空间。模块化设计降低了生产、运输、和存储的成本（图5-30、图5-31）。

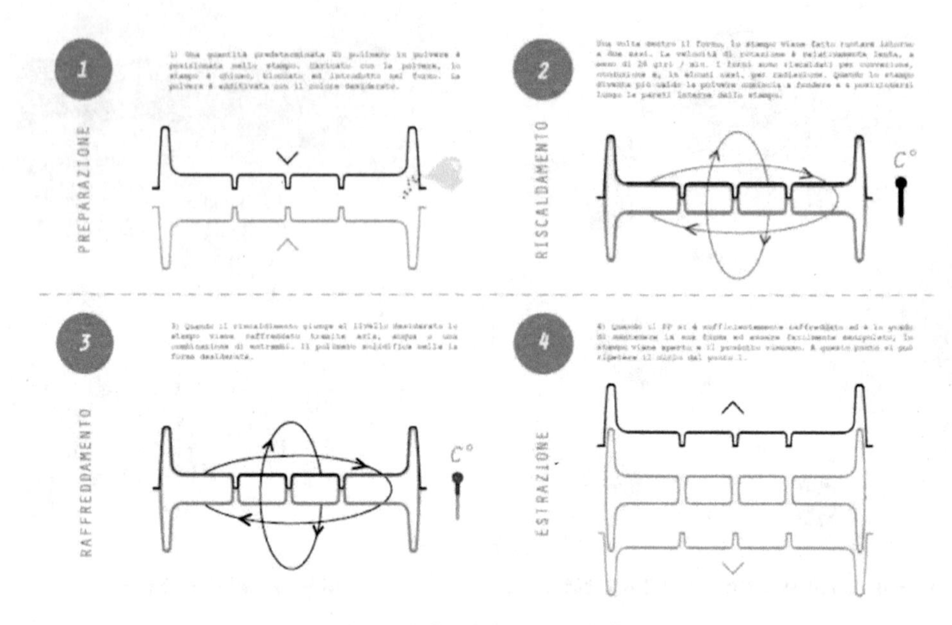

图5-30　根据室内空间进行组合排列

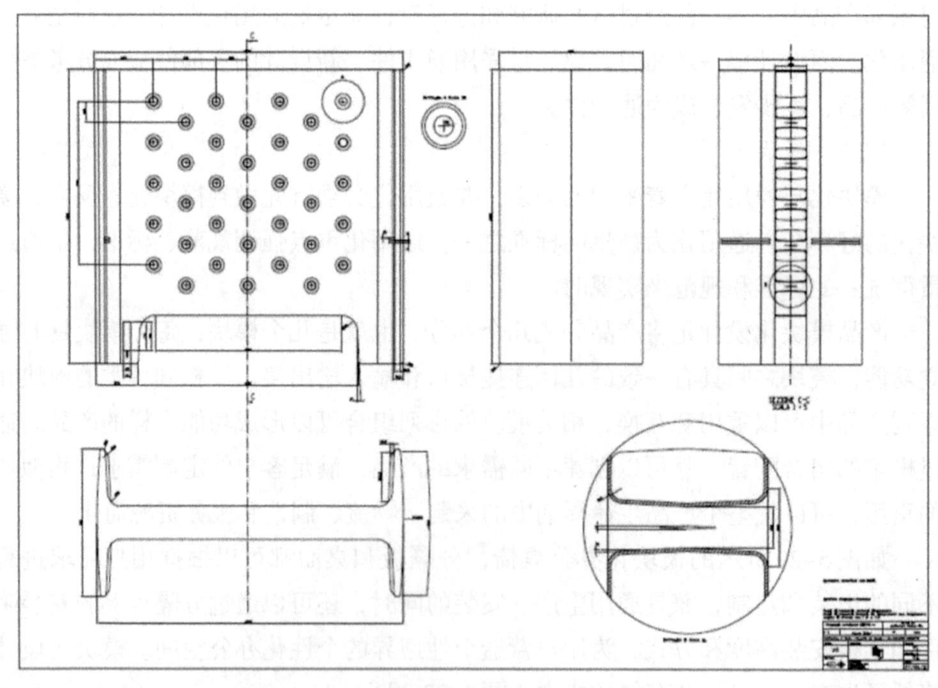

图5-31　产品制图

5.3.3 循环利用

产品的循环利用是将无用品或者报废品变为可再利用材料的过程，它与重复利用不同，后者仅仅指再次使用某件产品。自从丹麦学者阿尔丁提出面向再循环设计的思想以来，发达国家十分重视产品设计的循环利用议题。考虑产品生命的全过程，降低产品使用后的处理成本成了设计师应尽的社会责任。

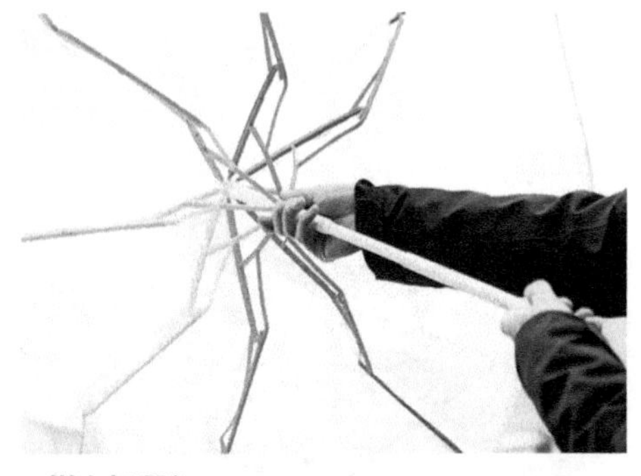

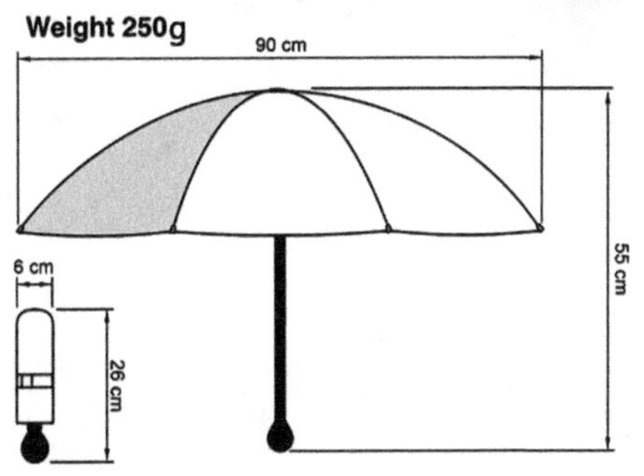

图5-32 Ginkgo雨伞
设计：Federico Venturi、GianlucaSavalli、Marco Righi

雨伞是一种高损耗率的产品，全球一年要用坏掉很多把伞，并且损坏的方式各不相同。有的是伞把坏掉了，有的是骨架坏掉了。一般情况下坏了一个部件整个也就报废了。这样就会造成很多的资源浪费。设计师花了三年的时间，设计出了一款更耐用并且100% 可回收的名为Ginkgo雨伞（图5-32、图5-33）。这款雨伞的骨架采用聚丙烯材料，在保证强度的同时有一定的灵活度，并在不同部件间采用特殊的连接方式，而并非传统的螺丝钉链连接，让骨架在“关节”的部分更耐用。一把普通的伞完全拆开有大概 120 个零部件，而这把伞只用20个零件，这也意味着更少的磨损和更长的寿命。最重要的是，它可以直接扔进垃圾桶被回收。可以仔细看看连接的“关节”部分，完全没有出现任何螺丝钉。

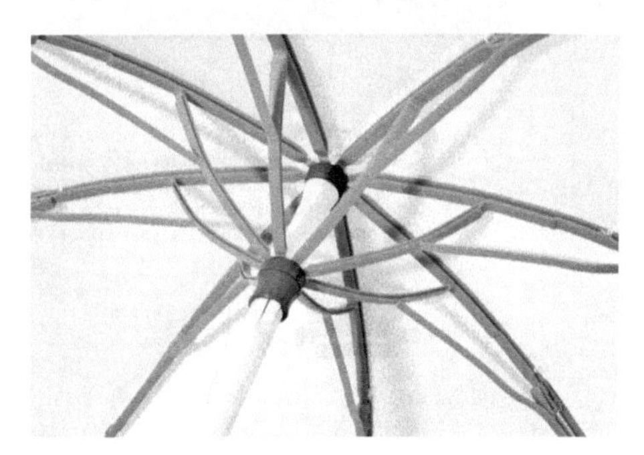

图5-33 Ginkgo雨伞细节

如图5-34所示是课题为“日常生活中的绿色设计”的学生作业。设计者经过对快餐店和用户的调研，设计了一款采用廉价材料，可以多次使用的快餐套装，用户可以单手将饮料罐、主食饭盒、餐具轻松带走，用餐后或者下次使用，或者由快餐店回收。

Statement:

The choice of material is a single piece of cardboard, which make it low-price and easily to product.

Tableware Set:

Plastic rice bowl
Plastic small sauce bowl
Large drink cup

Mobility:

The sketch shows the way the food carrier is not only convenient to be carried, but also allows users to take a sip of the drink while the carrier is not open.

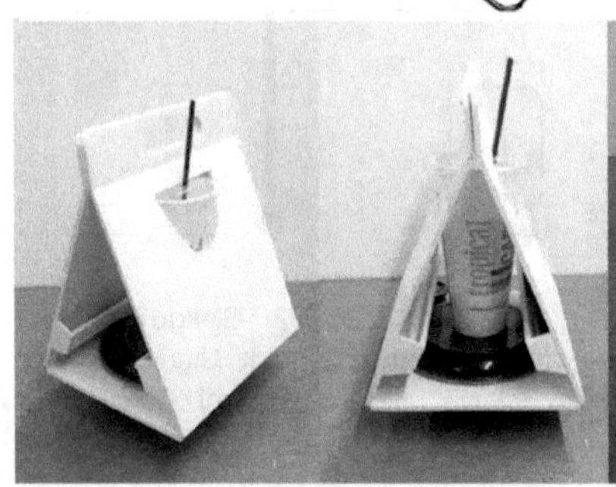

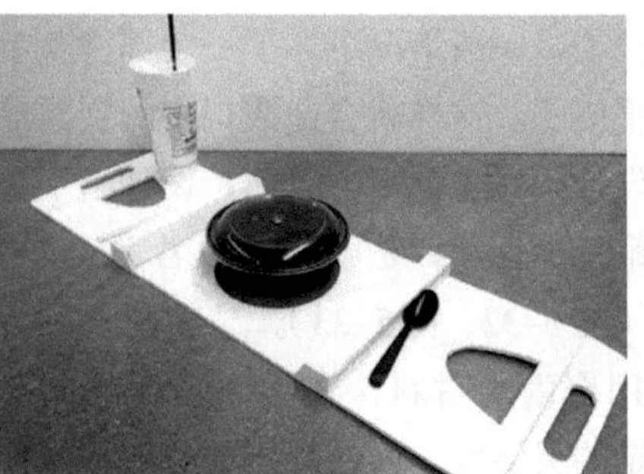

Design Brief:

The purpose of this food carrier is to carry the common Teriyaki meal set in a single carrier, that can be carried in one hand. It is also alow the user to have the drink while walking. As the carrier is open, it is able to fit on a flat surface, which allows it to be a new layer of table-board that will not pollute the original surface.

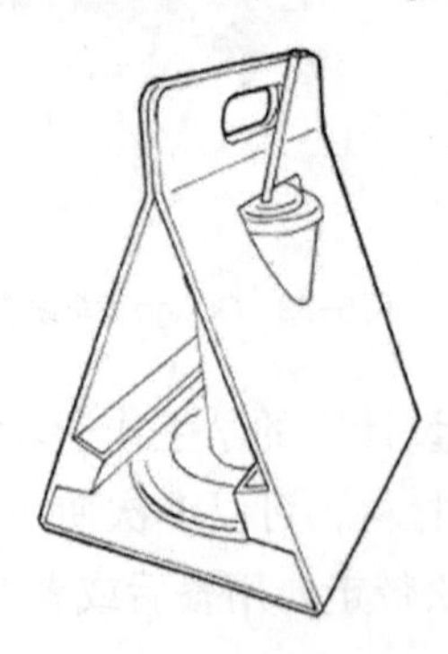

Material:

Cardboard

Fitting:

The way the tablewares fits in the carrier is that, two different size holes allow those two bowls to hanging on the botton of the carrier. The cup sets on the top of the bigger bowl, and two side bodies of the carrier clamp the cup with two semicircle shaped holes.

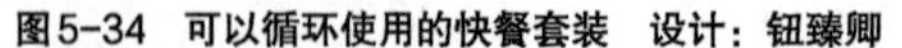

图5-34　可以循环使用的快餐套装　设计：钮臻卿

实验课题07：孔明锁

· 本课题要求寻找合适的材料，设计一种创新结构——三向度的连接。（连接处不得使用胶粘剂）；

· 单体能自由拆卸，组合成一个结构稳定的构造体；

· 本课题要求研究材料、结构、形态的相互关系；

· 材料决定连接的方式，连接的方式决定结构，结构决定最后的形态，而形态是由材料的特性决定的；

· 这几个元素是互为因果，不能用主观上自认为好看的材料“硬套”在某个结构中；

· 设计构思的过程就是在几种元素里寻找组合的可能性。

第6章 构造创新设计

- 教学内容：构造创新设计方法。
- 教学目的：1. 用实践的观念来提高创新设计的能力；
  2. 提升对设计细节的敏感度，这是追求设计品质的基本态度；
  3. 动手制作的过程，加深对设计的认识与理解。
- 教学方式：1. 用多媒体课件作理论讲授；
  2. 小组讨论与个人独立做实验、在实验中试错、完善作业，教师作辅导和点评。
- 教学要求：1. 通过学习构造创新理论，掌握构造创新方法，独立完成作业；
  2. 强化动手与动脑能力，以提高判断力和构造成型能力；
  3. 通过对现有产品的解析，得到构造的较优解，实现构造创新设计。
- 作业评价：1. 探索实验及清晰的表达；
  2. 体现过程，而不是对某现成品的模仿；
  3. 构思新颖，视角独特。
- 阅读书目：1. 李瑞琴. 机构系统创新设计[M]. 北京：国防工业出版社，2008.
  2. 邹慧君. 机构系统设计与应用创新[M]. 北京：机械工业出版社，2008.
  3. [美]克里斯蒂娜・古德里奇. 设计的秘密：产品设计2[M]. 刘爽译. 北京：中国青年出版社，2007.

6.1　构造设计特点

产品形态可以归纳为构筑型和塑造性两种类型。所谓“构筑型”，是指“在三度方向展开其构成部分的产品形态，由较多的、不同材料制成的零件在三度空间方向上装配组合而成，零件间的组合方式必须严格遵循自然法则，即遵照力学的逻辑而呈现较强的稳定性。塑造型是指通过制坯烧结、铸造、注塑等成型方式而形成的较为整体的形态。”相对于塑造型产品，构造设计更多地体现在构筑型产品上。如手动工具、家具、灯具、车辆等。

构造设计是将原理方案结构化，即确定产品结构中构件的材料、形状、尺寸、加工工艺和装配方法等。因此，构造设计涉及的问题具体而又复杂。一般来说，在一个具体的构筑型产品设计中，80%的时间花在构造设计上。构造设计具有以下特点：

a.实践性

实践性是构造设计创新的重要条件，只有通过实践，创新的理念才能转化为具体产品。以开发新型榨汁机为例，设计师首先要对“榨汁”的过程作充分的了解和实验，从中找出设计的突破口，这个过程如果仅仅在电脑上画效果图是设计不出真正有创意的产品的。所以为什么大多数工业设计专业的毕业设计强调做模型的环节，在模型上推敲过程就是“实践”的过程。

真实案例：斯马特设计公司在1998年接到了开发“家用手动果汁机”的业务。设计师首先考察了市场上已有的家用和专业果汁机，同时作了许多次榨橙汁的试验，发现最好的榨汁机构造是专业的曲轴摇板加长臂杠杆，但专业的果汁机对于家用而言体积上过于庞大。于是设计师与工程师一起来解决这一难题：首先，以曲轴摇板为突破口，用塑料片制作一个平面的“卡式机构”来分析运动过程（图6-1）；接下来再制作一个三维的等比例泡沫模型，以此来测试杠杆和果汁机的底盘。然后请了多个年龄段、手形大小不一的人来对模型试验（图6-2、图6-3）。通过仔细观察试验过程，使设计师产生了一个倒转的曲轴摇板构造，这一创新构造的优势在于：在不损及原构造优势的情况下体积上大为缩小；杠杆的支点置于产品的后面，以此来达到最大的力臂；稳定性则通过小底盘来维系，同时操作过程对于臂力有限的人来说也变得很容易。构造问题一确定，随后的造型设计就顺理成章了（图6-4）。

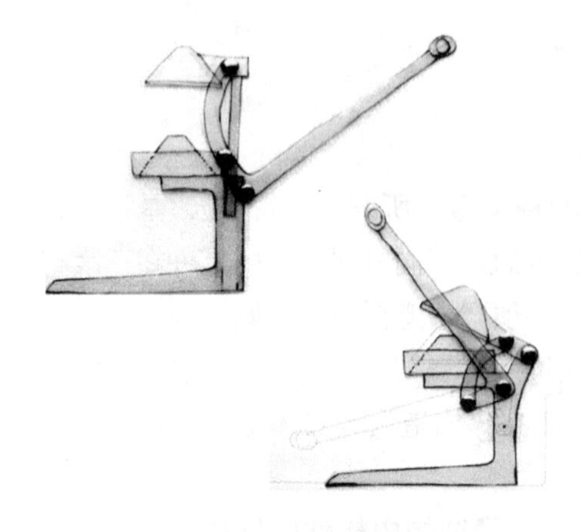

图6-1 榨汁机构造的平面研究 二维的机械运动研究以便确定曲轴摇柄的不同排列 难点在于设计一种用于果汁机的有效使用，比专业果汁机更小的底部

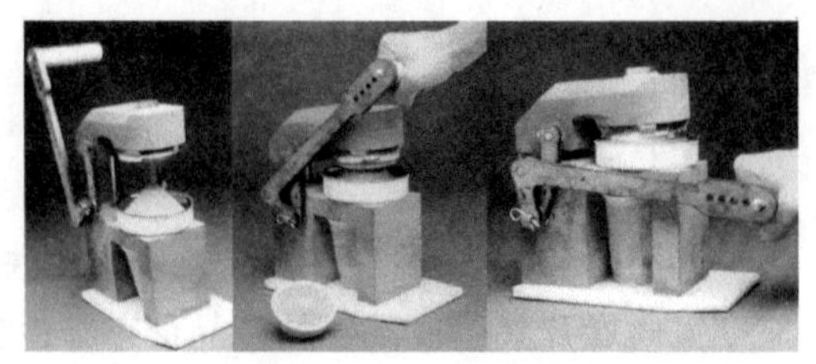

图6-3 用这个模型来研究和设计各部件形态的组成

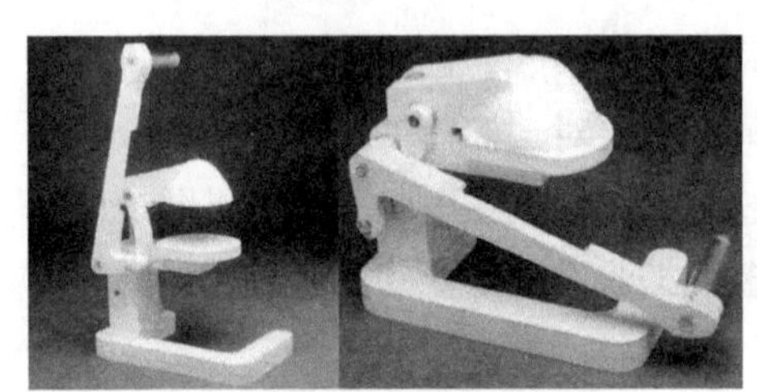

图6-2 利用三维的泡沫模型来研究和探求操作方向的变化

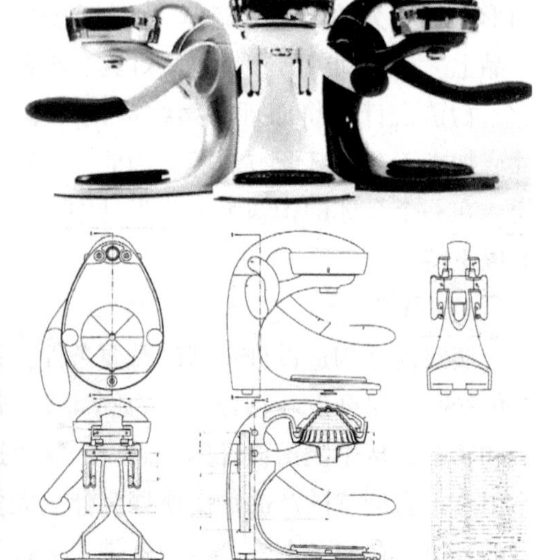

图6-4 果汁机及工程制图

b.注重细节

构造设计是一种注重细节的设计，细节的差别能导致整个产品的在技术、经济性能、质量的高低。在日常生活中我们所碰到的产品“质量问题”，大多数原因不是因为工作原理不合理方面的“大问题”，往往是错误的或不合理的细节方面的“小问题”所致。具体设计中，构造上的细节缺陷甚至导致整个产品难以实现其功能。相反，在日常生活中，注重对“生活细节”的观察也能产生新的设计方案。如法国设计师poidatz出于女性的敏感，设计的作品都是从细节上入手的，如可以防止袋泡茶滑入的碗口设计，以及延长插座（图6-5、图6-6），其独特的构造设计来源于对“细节”的关注。

图6-5 精心设计的茶碗

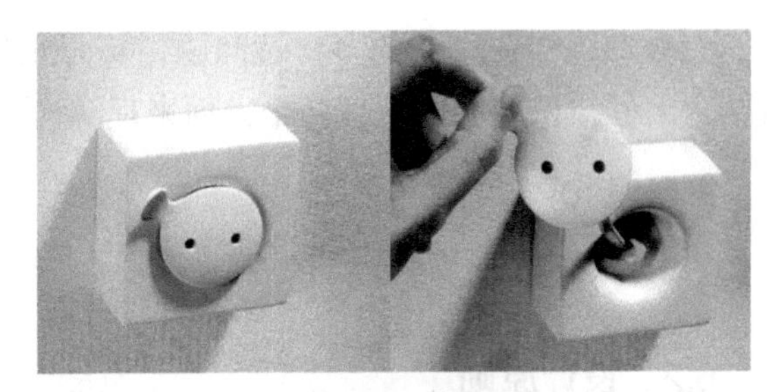
图6-6 延长插座

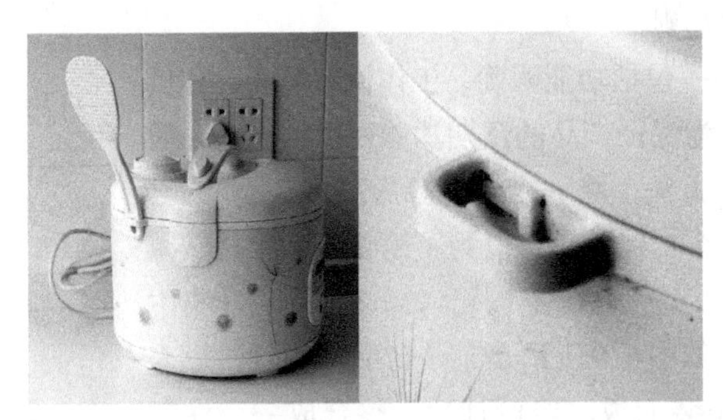
图6-7 电饭煲和勺子

再比如：电饭煲的边上设计了一个小构造，方便用户将盛饭的饭勺挂在上面。极小的细节设计大大地方便了用户（图6–7）。这里没有多少技术含量，有的是对生活的细心观察。

c.多样性

通过改变构件本身的形态——形状、位置、数量、尺寸、材料、连接方式、运动方式等，得到一个尽可能大的设计空间，是进行构造设计中的一个不可缺少的环节，也是进行构造创新设计和优化设计的重要前提。

马奇·纽森（Marc Newson）是英国最有才华的青年设计师之一。设计领域非常广泛，从椅子、家用物品、自行车、汽车，甚至飞机的室内设计。如图6–8所示是他对同一产品所作的不同构造的设计。

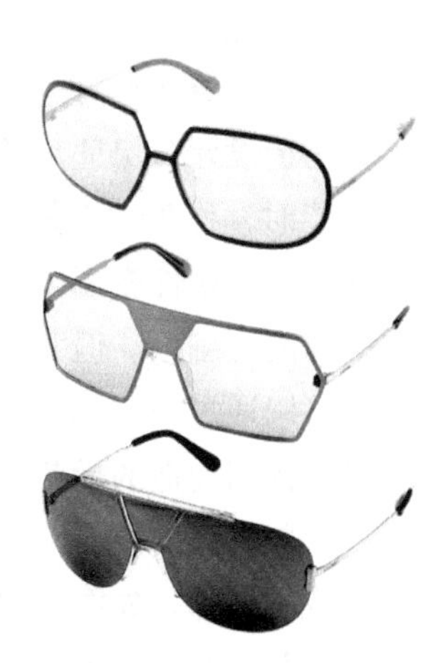
图6-8 眼镜的构造设计

基于上述构造设计特点的分析，实践的特性是构造创新设计最基本的要点。设计师只有积累了一定的实践经验，才能从容地处理一些优化细节方面的问题，才能充分理解构造设计的多样性问题，从而充分发挥设计师的创造能力。本章将结合工程知识和创新原理两个方面来理解构造的创新设计。

思考题10：

· 通过资料调查，以某一创新产品为例，简述构造创新设计与产品设计的关系。

6.2 设计原则

6.2.1 基本原则

（1）明确——包括功能明确、工作原理明确、和负荷状况明确等。为保证产品的预期功能得以实现，一般采用功能分解的方法，将一个功能分解成多个子功能，每个子功能由一个功能件承担。为了简化产品结构、减少构件个数、省工省时等，有时可考虑将多项功能集中于一个功能件。如图6–9所示是某一产品的构件，原来是由11个部件组装而成。经设计后，整合成一个注塑件，达到了降低成本、方便安装、改善外观的效果。

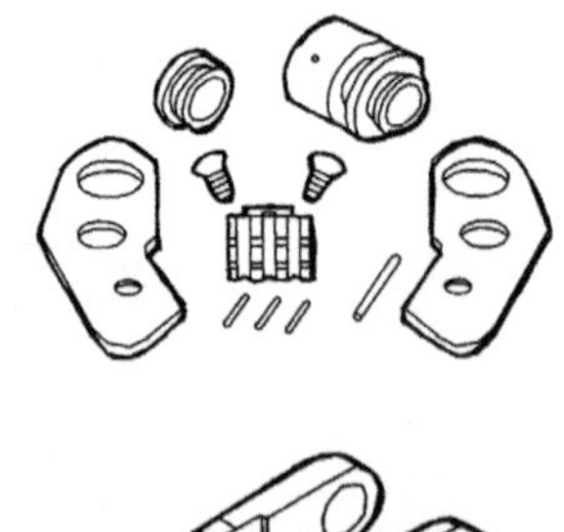

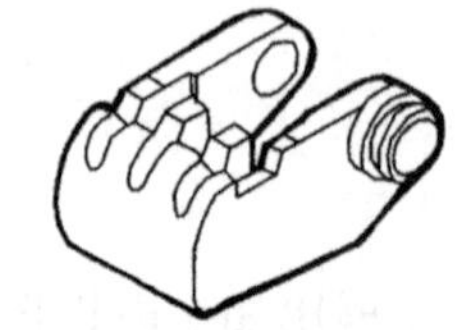

图6–9 原来由11个零件组装成一个构件

（2）简单——产品构件数目尽量少，构件间的连接关系简便，构件形状尽可能的简单等。不允许存在空间相容性方面的干扰因素，如动作干扰等。

（3）安全——保证产品及其构件在预期的工作期限内正常工作，不会对任何环境产生危害。

6.2.2 强度原则

构造设计要保证足够的强度和刚度。当构件丧失工作能力或达不到设计要求的性能时，称为“失效”。常见的失效形式有：因强度不足而断裂，产生过大的弹性变形或塑性变形，过度磨损等。为保证构件的性能，可通过计算保证其有足够的强度与刚度。但并不是所有的构件都需要计算才能决定它的尺寸结构，许多构件可以通过类比或经验来确定。良好的构造设计可以减少载荷引起的应力和变形量，提高构造的承载能力。通常可以采用以下几个措施来实现。

（1）等强度——构件按等强度原理设计，可以使材料得到充分利用，重量减轻，成本下降。如图6–10所示是一种构架的四种方案。a.方案强度不等，且强度差；b.方案强度不等，用料多；c.方案适用于铸铁和钢的等强度结构；d.方案适用于钢而不适用于铸铁的等强度结构。

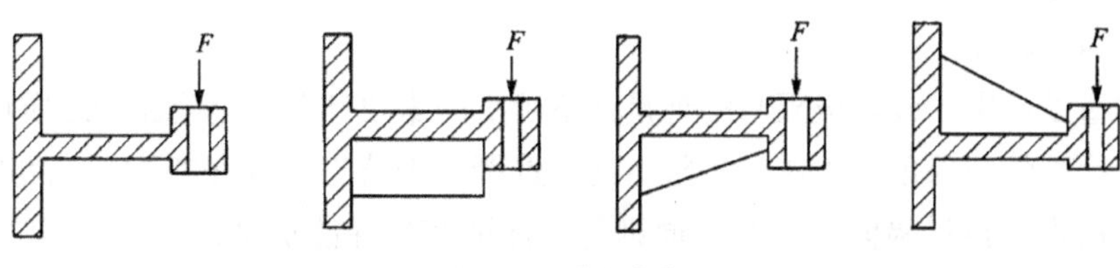

图6-10　构架方案

（2）力流——所谓力流就像磁场中的磁力线一样，力的传递也有其路线，称为“力线”，力线的汇集形成力流。合理的力流设计包括：a.力流封闭不外泄，特别是在某些冲击力较大的压力机械上采用封闭力流设计，有利于整机的稳定性；b.按力流最短的原理设计构件，可使构件尺寸小、刚度好，节约用材；c.当结构端面发生突然变化时，要采取措施使力流转向平缓，否则会因为力流方向的急剧改变而产生应力集中。

（3）力平衡——通常一部机器工作时，会产生一些无用力。如图6-11a所示中斜齿轮轴向力会使轴和轴承的负荷增大，使寿命减少，构件间传递效率降低。力平衡就是采取结构措施，部分或全部平衡这类无用力。图6-11 b中采用斜齿轮传动产生了无用的轴向力；改用如图6-11c所示的人字齿轮传动后，轴向力互相抵消。

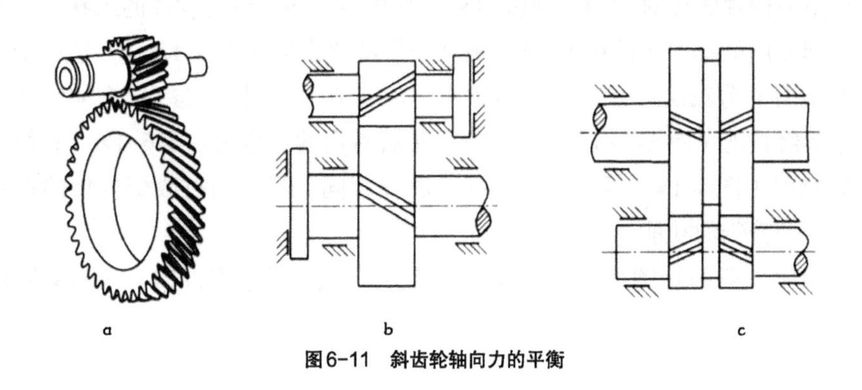

图6-11　斜齿轮轴向力的平衡

6.2.3　工艺原则

在进行构造设计时，为了方便加工和装配，必须考虑构件的加工和装配的工艺性。构件的加工工艺性是指在满足使用要求的前提下，制造的可行性和经济性，力求使构件加工方便，材料损耗少，效率高，生产成本低。比如对铸件要尽力减少分形面的数目；对切削加工构件，要尽量减少加工面积，并设计必要的退刀槽或砂轮越程槽等。

6.2.4　精度

构造设计中，设计极限与配合是必不可少的重要环节，是确保产品质量、性能和互换性的一项重要工作。极限与配合选择是否恰当，将直接影响产品的性能和制造成本。设计极限与配合的原则是：保证产品性能优良，制造上经济可行，即极限与配合的选用应使产品的使用价值与制造成本经济效益最好。

6.3　创新设计方法

6.3.1　构造的变异创新

变异创新，即从一个已知的构造方案出发，通过改变属性得到许多新的方案；然后对这些方案中参数的优化得到多个局部最优解；再通过对这些局部解的分析，得到构造的较优解，从而实现构造创新设计。通过变异设计得到的方案越多、覆盖的范围越广泛，得到最优解的可能性就越大。

（1）形态变异

改变构件的轮廓、形状、类型和规格都可以得到不同的创新方案。如图6–13所示，剪刀和钳子是生活中最常用的工具，一般由两个构件和一个转轴组成，利用两构件的相对运动实现剪切和夹紧功能。通过改变构件的形状，便可以设计成理发用的推剪（图6–12a）；梳剪头发的梳发剪（图6–12b）；适用于布料平铺在桌面上剪裁而设计成手柄不对称的裁缝剪刀（图6–12c）；方便修剪树枝的月牙形修枝剪（图6–12d、图6–13）；带有棘齿的止血剪（图6–12e）；修剪篱笆的篱笆剪（图6–14）等。它们的基本原理相同，只是通过改变构件的形状就能达到各种特殊的功能。

啤酒瓶一般都是圆形，有人却把它变异设计为四四方方的，啤酒喝完还可

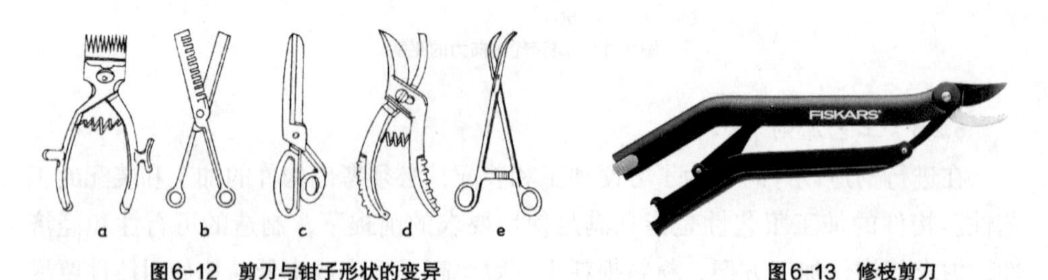

图6–12　剪刀与钳子形状的变异　　图6–13　修枝剪刀

用作砖头成为建筑材料，成为一种“生态啤酒瓶”的设计概念（图6–15）。手机上的按键通常为方形或圆形，如果像如图6–16所示那样将按键变异设计成三角形，那么按键所占面板的面积可以减少30%。

图6–14　篱笆剪刀

（2）材料变异

不同的材料往往导致产品构件的尺寸、加工工艺的变化，最终影响整个产品的构成方式。因此，材料的变异可以产生不同的产品构造和产品形态。如图6–17所示，是三种不同材料（木材、塑料、金属）做成的夹子。材料性能的差异导致三种不同形态和功能的夹子。

图6–15　生态啤酒瓶

图6–16　三角形按钮的手机

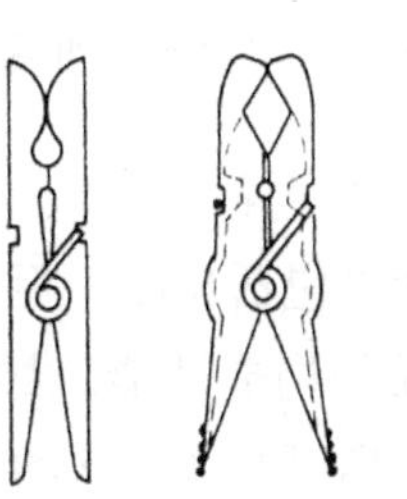

图6–17　三种不同材料的夹子

（3）连接变异

连接变异由两层含义：一是连接方式的变化，如螺纹连接、焊接、铆接、胶接等；二是对于每一种连接方式采用不同的连接构造（图6–18）。通过改变连接方式可创造出不同的构造方案。

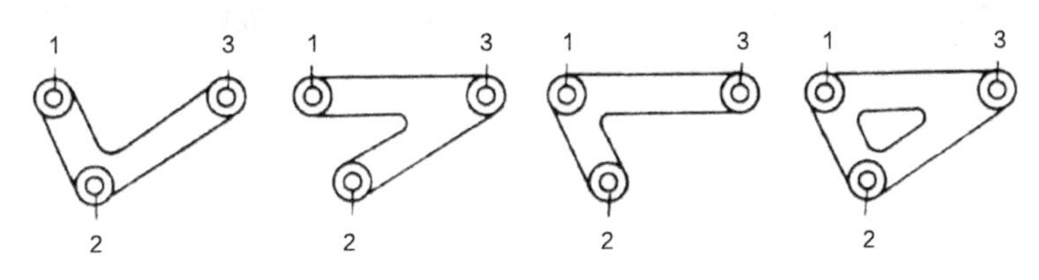

图6–18　构件连接变异

对于经常需要拆卸的产品，不但要求连接可靠，尽量减少连接构件在使用过程中的磨损，还要求拆卸方便快速。如图6–19所示的两种连接中的（b）组方案是用塑料或薄钢板等弹性材料制作的连接构造替代了（a）组的螺纹连接方式。

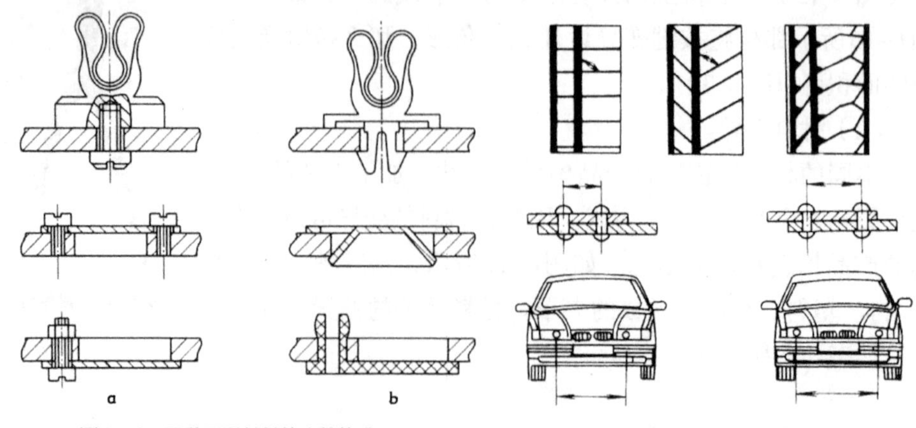

图6-19　两种不同材料的连接构造　　图6-20　构件尺度变异

（4）尺寸变异

尺寸变异包括长度、距离和角度等参数的变化。通过改变构件的尺寸可以显著改变产品的构造性能。如图6-20所示：改变轮胎可改变汽车的驱动力；改变铆钉间的距离可改变连接的可靠程度；改变车灯间的距离可改变照射范围。尺寸变异是构造设计创新最常用的变量，最适合计算机模拟。

（5）工艺变异

根据不同构造，选择不同的构件制造工艺，最终改变构件和产品的制造成本、质量和性能的设计，称为工艺变异。如图6-21所示的金属构件，加工工艺的变异，导致了不同的构造。a是铸造工艺；b是焊接工艺；c是型材拼装工艺。虽然三种构造有明显的区别，但相对于各自的材料和工艺方法，其构造工艺性都是合理的。使用何种材料和制造工艺取决于产品的力学性能要求、生产批量和生产条件等因素。

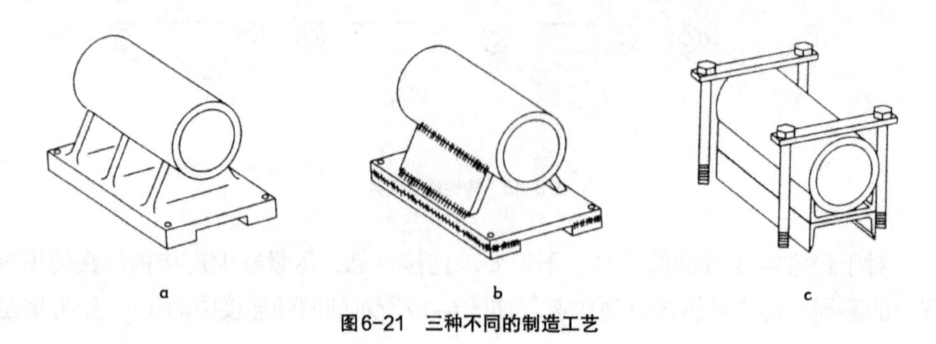

图6-21　三种不同的制造工艺

6.3.2 构造创新的组合原理

创新一般为两种类型：一种是发明或发现全新的技术，称为突破性创新；另一种（也是绝大部分）采用已有的知识或技术进行重组，称为组合性创新。组合性创新相对于突破性创新更容易实现，是一种成功率较高的创新方法。英格兰设计师扬格（Michael Young）把手镯和USB这两个风马牛不相及的产品通过组合，设计成了“时髦品”。如图6-22所示的USB是现代青年学生的一种日常用品，经过组合设计，改变了原产品的功能价值，增加了时尚元素，特别受青年女性的钟爱。再如图6-23所示的“瑞士军刀”，它是典型的运用组合原理设计的产品：只用17个部件组成多达32种功能的组合刀具，仅重216g。如图6-24所示是一种集敞篷车、皮卡、跑车三种功能为一体的组合性汽车创新设计。

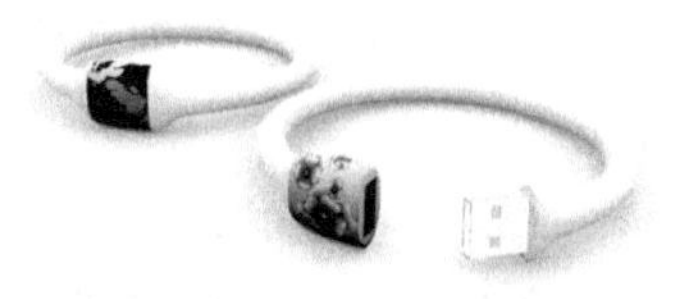

图6-22 手镯式数据盘

图6-23 瑞士军刀

图6-24 多功能汽车

6.3.3 构造创新的完满原理

完满，即“完满、充分利用”之意。依据就是“人们总是希望在时间上和空间上充分而完满的利用某一对象的一切属性。因此，凡是在理论上看起来未被充分利用的对象，都可以成为人们创造的目标”。创造学中的缺点列举法、缺点逆用法、希望点列举法等都源于完满原理。有一种可以将煤气罐一类的重物运上楼梯的小车，其工作原理如图6-25a所示，这是一种绕回转动的两叉或三叉机构，叉端各装有一对自由转动的轮子，通过推拉车架使分叉构件转动，可以在楼梯上运动。这一构造应该说颇具创意，但在具体行驶起来仍不平稳。于是有人运用共轭曲面原理将车轮设计如图6-25所示的构造，小车在上楼梯时车身运动轨迹基本保持倾斜直线，犹如在光滑斜面上运行一样，省力、推力恒

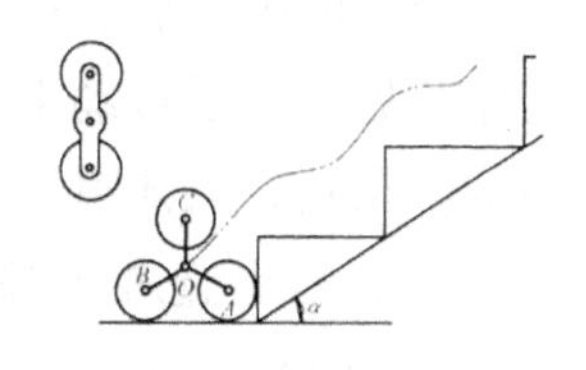

图6-25 爬楼小车

定而且噪声小。这种创新构造还可广泛应用于自行车、童车、残疾人车以及货运车上。

6.3.4 构造创新的人机原理

构造设计是为了实现产品的功能，而功能最终是为人服务的，不能因为某种构造本身的“先进性”而忽视使用者——人的因素。我们把产品设计的目的设定为“创造更合理的生存方式”。所谓“更合理的生存方式”，就是在人——机——环境系统中，人的一切活动的最优化。“最优化”的本质之一就是符合人机工程学的原则。因此，在某种程度上说，人机原理是构造创新设计的基点。总部设在美国俄勒冈州波特兰市的奇葩（ZIBA）设计公司在开发和研究“人性化”产品方面颇具成就。如曾为微软公司设计一款具有人机工程学理念的计算机键盘，广受市场欢迎。（图6–26）另一个产品是为罗技公司设计的移动电话耳机系统，该产品在运动中可以方便控制，无论是界面还是造型，或是麦克风的位置，都可以随使用者的状态调整，以适应人的最佳使用状态，如图6–27所示。

帕金森氏综合征疾病特点是患者双手抖动十分厉害，药物治疗是这种疾病的一项重要的治疗方式。任何吃过药的人都会有这样的感受，要想从药瓶中倒出精确数量的药片是很困难的，更何况是双手颤抖的帕金森氏综合征患者。1990年，美国设计师马瑟威·科（Mattew Coe）设计了一种专供帕金森氏综合征患者使用的配药瓶。这种配药瓶是一个手握的造型，患者使用时只需一手握住药瓶，另一只手转动下部的小滑轮，每次转动一下就可以取出一粒药片，十分精确。在别人只知道这一问题存在却并没有想到要解决它时，马瑟威设计的这个配药瓶给帕金森氏综合征患者带来了极大的方便。该设计在1990年获得Bronze奖（图6–28）。

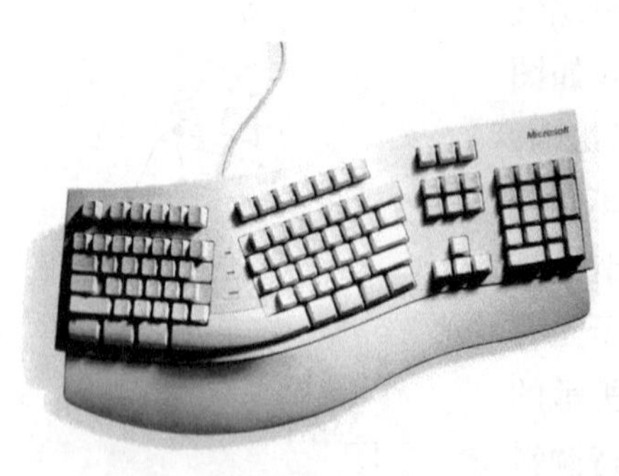

图6–26 键盘

图6–27 移动电话耳机

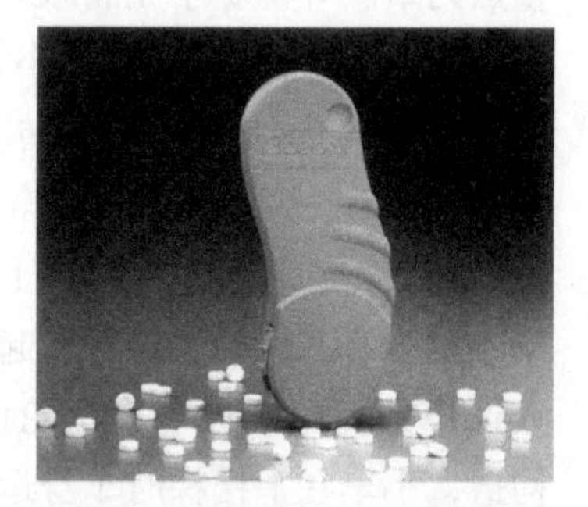

图6–28 帕金森氏综合征患者药瓶

懂得了创新原理，如果没有对构造基础知识的丰富储备，“创新”还仅仅是一句响亮的口号。除了必要的知识和创新理论外，还需要创新的激情和冲动，而这种激情和冲动只能产生于创造的实践活动中，以及在实践过程中对创新孜孜不倦的追求。

实验课题08：产品概念创新设计

·选定一个自己感兴趣的某一类产品；

·先上网查询该类产品已有的专利，了解该类产品在功能、使用方式及外观上的变化；

·确定自己设计的创新点，然后进入设计实验；

·用纸板、塑料板等随手可得材料制作概念模型，并用各个角度拍摄产品图片；

·设计制作一份产品样本，形式是产品说明书；

·内容包括功能、材料和使用方式等；

·说明书规格：A4纸，白卡纸正反面打印。

第7章
基础设计

· 教学内容：运用构造原理进行实验性设计。

· 教学目的：1. 学会用材料进行思考；
2. 学会理性处理造物过程中构造、结构、形态与功能的关系；
3. 提高对生活的敏感度，激发对创造新事物的热情。

· 教学方式：1. 用多媒体课件作理论讲授；
2. 在动手实验中发现可能性，学习创造新事物。

· 教学要求：1. 掌握材料构造方法，在动手发现新的可能性，提高创新能力；
2. 在实验中体验材料、工艺和构造的关系；
3. 要利用大量课外时间去图书馆、上网搜集最新设计、专利等资料。

· 作业评价：1. 敏锐的感知觉能力及清晰的表达；
2. 能体现思考过程，而不是对某现成品的模仿；
3. 构思新颖，视角独特。

· 阅读书目：1. 柳冠中. 事理学论纲[M]. 长沙：中南大学出版社，2006.
2. [瑞士]哥海德·休弗雷. 北欧设计学院工业设计基础教程[M]. 李亦文译. 南宁：广西美术出版社，2006.
3. [美]理查德·福布斯. 创新者的工具箱[M]. 北京：新华出版社，2004.

本书第一章提出一个观点 ：构造设计是一门技术，体现在产品设计上却是一门艺术，是一种需要创新思维解决实际问题的能力。这种能力从何而来?

现代教学理论把“学习”分为初级知识与高级知识学习两个水平。初级知识学习又称入门性学习，学习方式是接受、理解和记忆，其内容是结构良好领域的学科知识，由彼此间存在着严密的逻辑关系和层次结构的概念和原理组成。但是，这些知识是对复杂世界抽象化的产物，具有一定的片面性、机械性、静止性和孤立性。仅仅学了这些入门性知识还不能综合应用解决实际问题，需要进行高级知识学习。所谓高级知识是结构不良领域的知识，而是有关知识应用的知识，不像初级知识那样意义分明、逻辑严明和组织良好。当知识被运用在解决具体每个问题时，就呈现出一定的特殊性、差异性和复杂性。高级知识学习的特点是通过对大量实例的解决过程，把握知识之间关系的复杂性与差异性，从而达到灵活应用知识、广泛迁移知识直至产生新知识的目的。要把知识的意义存在于对知识的运用之中。知识具有的普遍性不是因为知识的成分，即是什么，而是知识怎么用，即为什么和怎么做。从这个意义上说，所谓“能力”是学习知识以及灵活运用知识的能力，即“学习能力”和“运用能力”。基于这个教学理念，本书在每章节均设计了众多课题，这些课题能在现有的教学条件下进行实际操作，本章展示的是杭州电子科技大学设计专业近期课程作业。

7.1　灯泡包装

· 将一个或多个玻璃灯泡连接在一起，既要保护灯泡，又要便于打开；
· 具有安全性、展示性和操作性；
· 设计要点：一是定位（窝），二是拢住（卡、拦、抱）；
· 充分体现材料特性、设计合理的插接结构；
· 原则：省材、结构简练和巧妙、不得使用胶粘剂；
· 不作材料表面装饰，以材质和构造体现美感；
· 画出展开制图、使用状态图。
· 材料不限。

以三棱柱作为基本结构，其特点是具有稳定性，不易变形；其次可以通过互相穿插排列组合，合理利用空间，对灯泡有一定的保护作用。

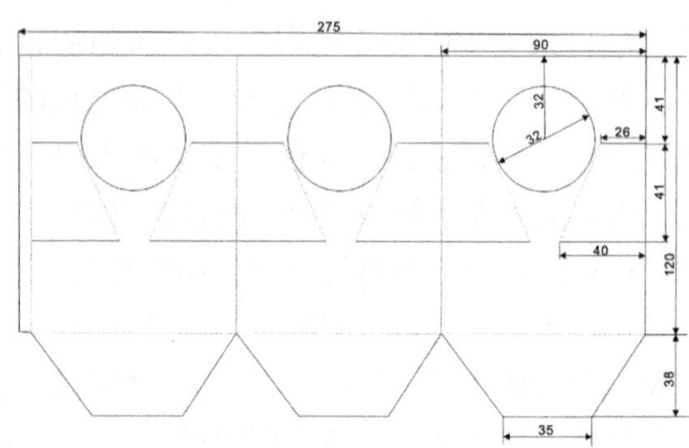

图7-1　设计：叶向斌

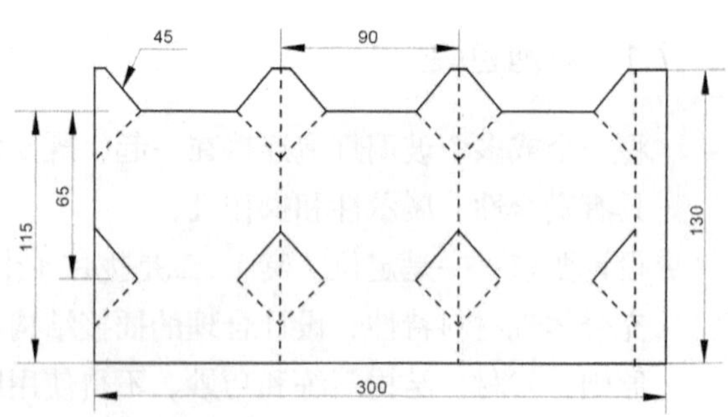

图7-2　设计：严佳宇

任何材料独有它的可塑性、便于制作的特性，也有其本身固有的限制。就拿瓦楞纸来说，并不是所有形态都可以体现，构造设计一定要符合材料特性，在制作过程中逐步完善这个很重要。

课题要求将两个灯泡包装在一起，便于安装和取出。采用三角形为主题结构。两个相互错开的三角形可使包装在安装时不使任何一面与地面直接接触，有效保护灯泡的安全。将三角形挤压成圆形即可将灯泡方便取出。在材料使用上，没有一点多余的废料产生。

该设计采用具有一定弹性的卡纸，以及可塑性利于形态的固定。整个灯泡在纸的包围中处于悬空状，减少了外力对灯泡的压力。取出时只要将灯泡下面的两片纸向其原位置挤压即可。

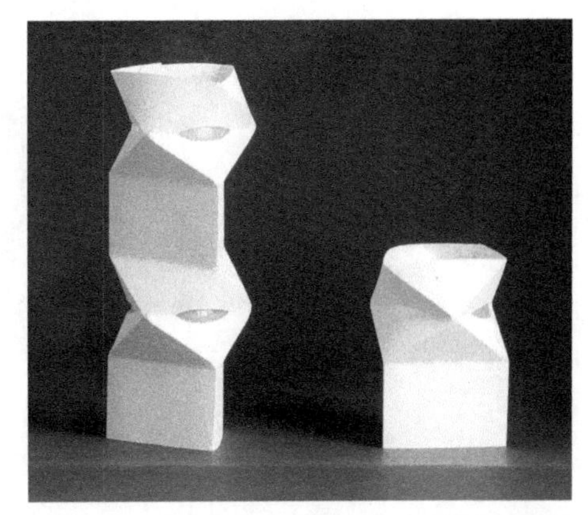

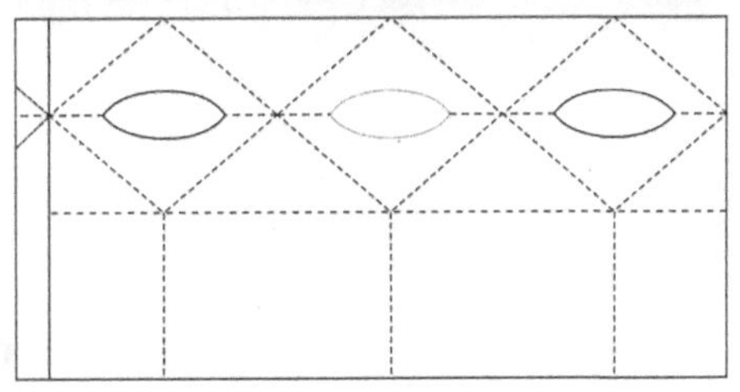

图7-3　设计：上官长树

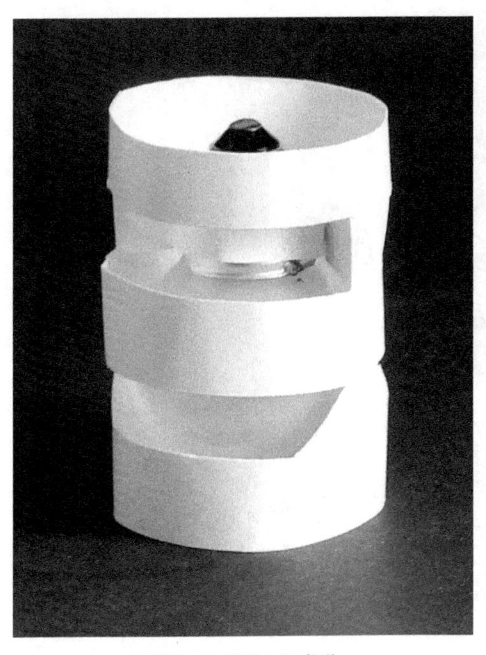

图7-4　设计：郑书洋

图7-5　设计：余勇

图7-6 设计：赖耀先

图7-7 设计：吴丹

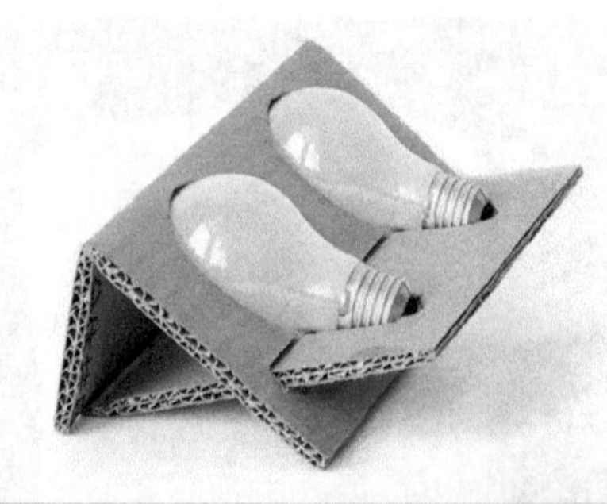

图7-8 设计：李广

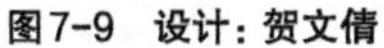

图7-9　设计：贺文倩

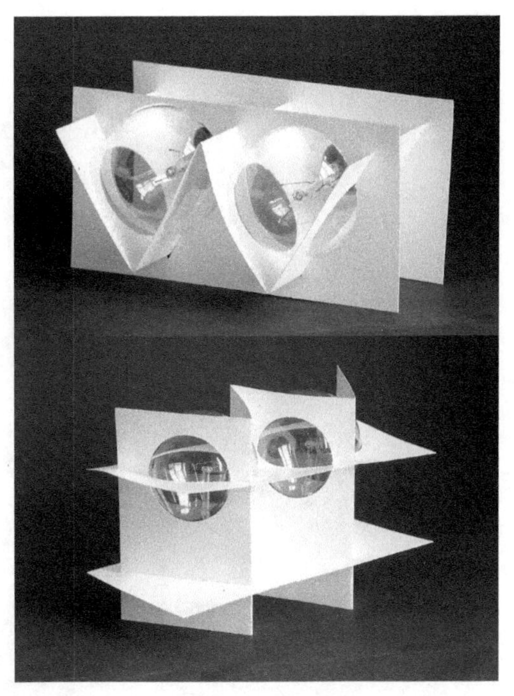

图7-10　设计：丁煜鑫

7.2　连接

· 选择合适的材料，设计一种创新连接；
· 连接方式不得使用胶粘剂；
· 要确定基本形，基本形之间能自由拆卸，并能组合成一个结构稳定的整体；
· 要充分研究材料特性与形态连接的可能性；
· 模型尺寸：160mm × 160mm × 160mm范围之内。

不使用胶粘剂的前提下，使两种材料连接并能拆卸，实际上是要求设计一种易拆易装的连接构造。设计要点体现在结构巧妙、简洁，用材合理，连接可靠，拆卸方便，方便加工等方面。作者通过对（以卡纸为材料的）构件的精心设计，操作者只要通过一个简单的旋转动作（45°）就能把两块塑料板和连接件本身牢固的连接成一个稳定的整体，拆卸同样方便。这种结构的优势是对材料特性要求不高，构件之间的磨损也较小。

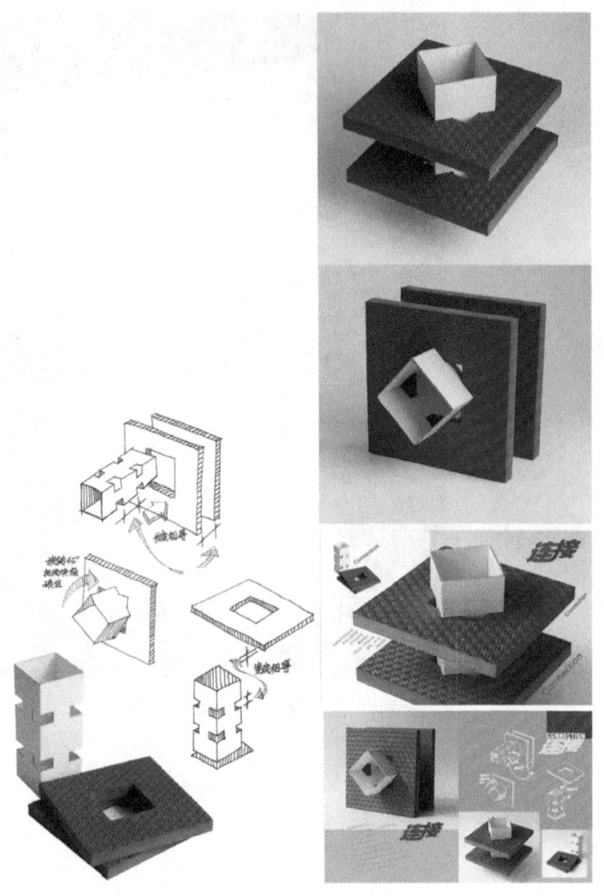

图7-11 设计：叶丹

图7-12 设计：吴立立

通过对KT板上燕尾槽的设计，使瓦楞纸定型为三角柱，增加了整体构造的强度。燕尾槽恰到好处的起着“握”的作用，两种不同材料的连接和整体的形式感在这个作业上得到了和谐统一。而且安装拆卸都很方便，整体构造稳定可靠。

作品借鉴了拼图的基本形，变二维拼接为三维构造。这个结构中的三块板材形体相同，互相吻合结构稳定，还产生别样的趣味，这也是一种创新。建议作者申请专利，并应用在产品开发上。譬如，可以做成新型折叠展架。这种展架两块展板间不用传统的铰链连接就能竖立起来，现场安装拆卸不用工具就能完成，适用于现代商贸展示活动。

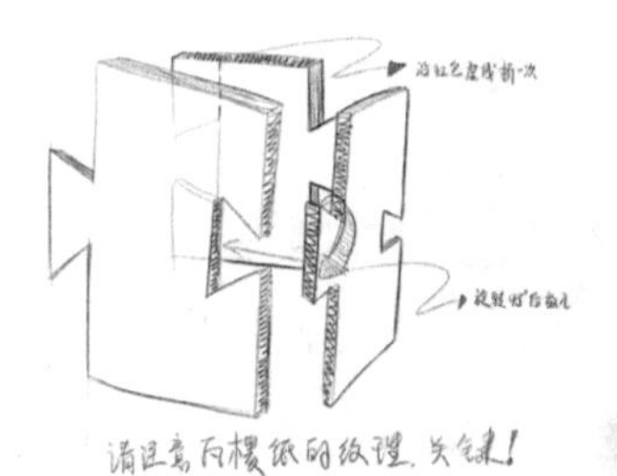

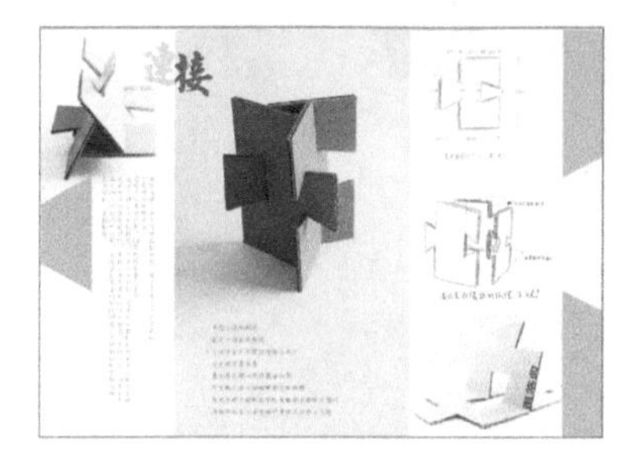

图7-13　设计：王贤凯

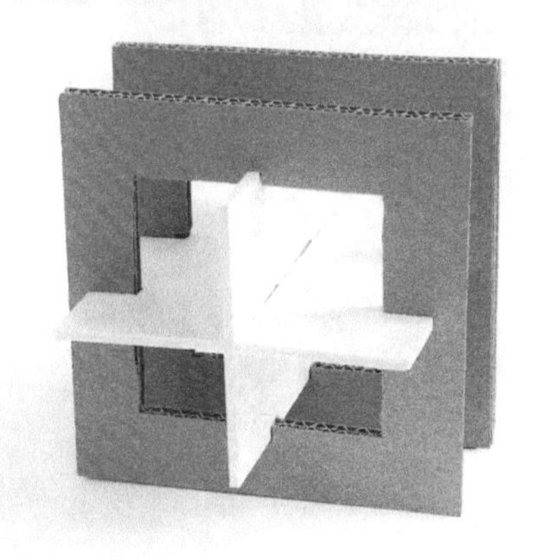

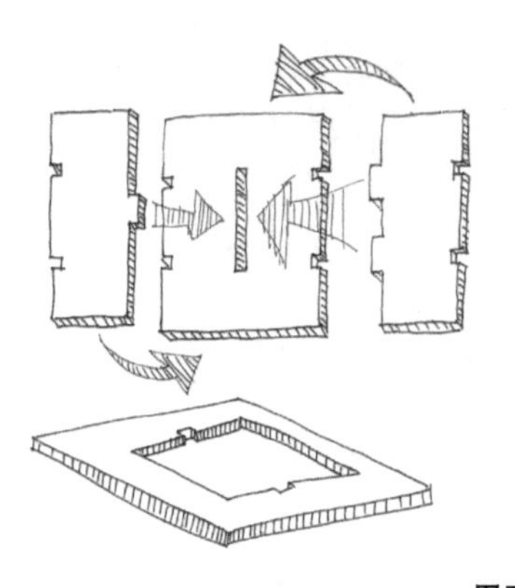

图7-14　设计：赵安琦

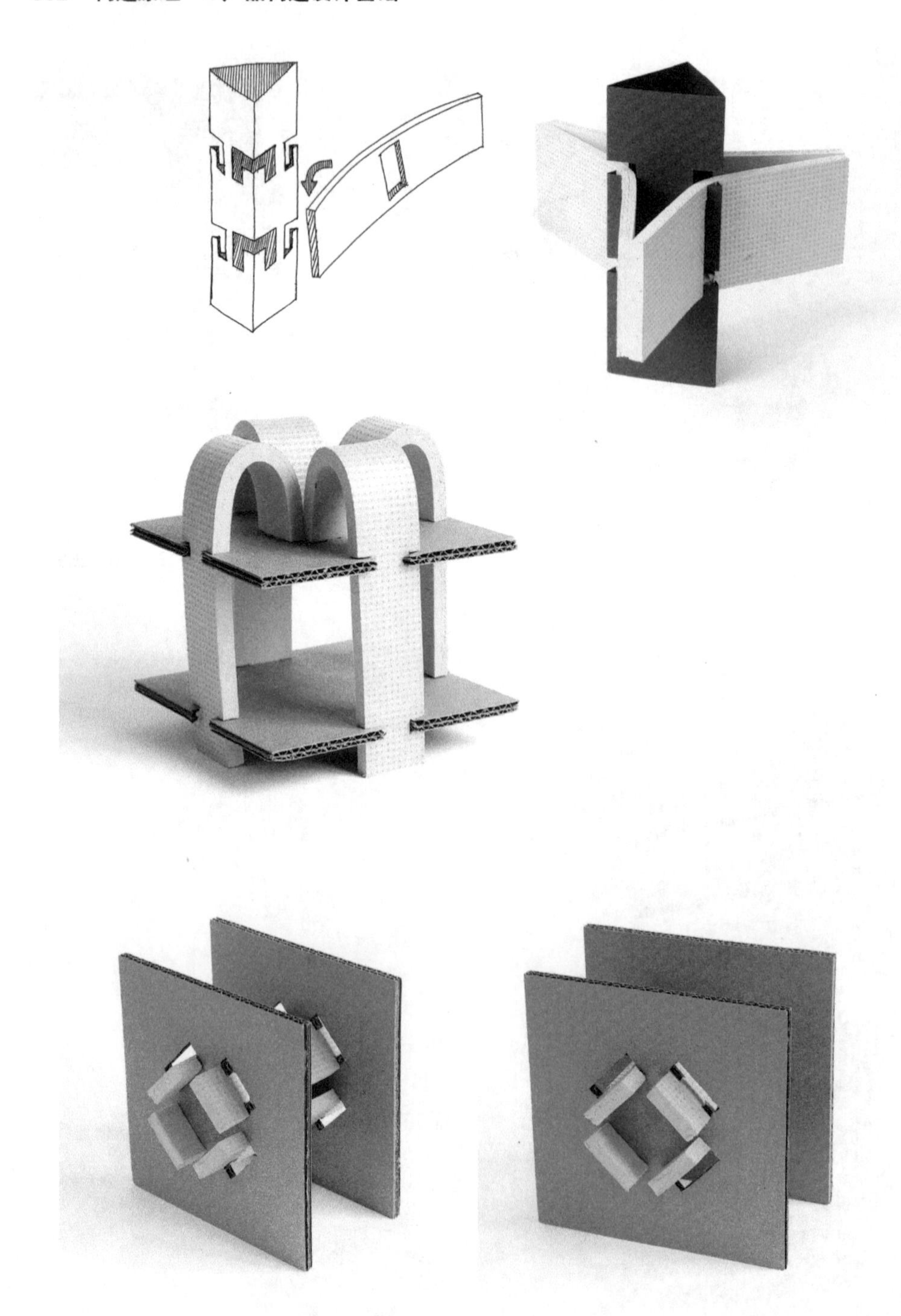

图7-15　设计：盛龙剑、叶磊、季冬

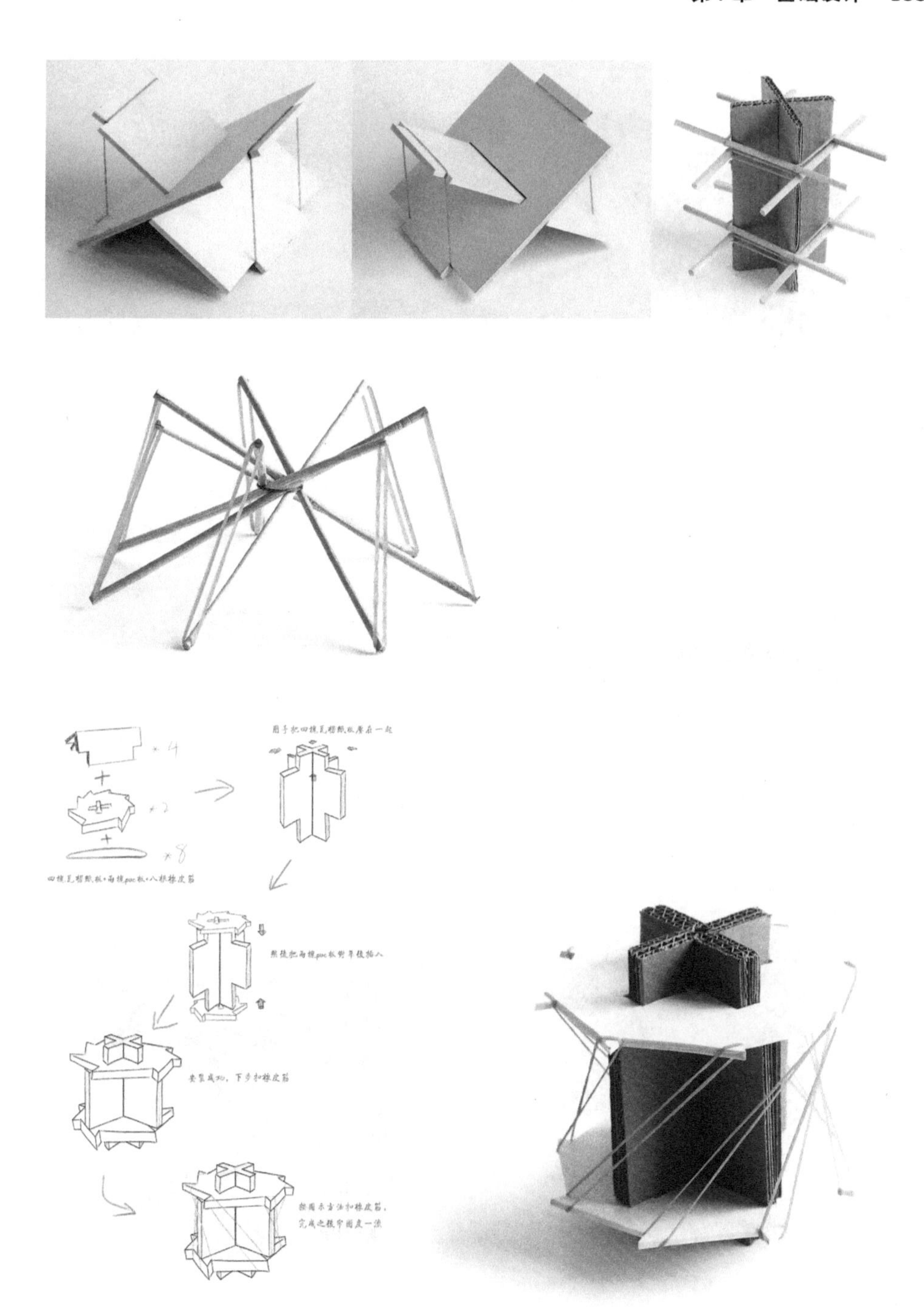

图7-16　设计：郑书洋、杨慧、龚丽娟、王贤凯

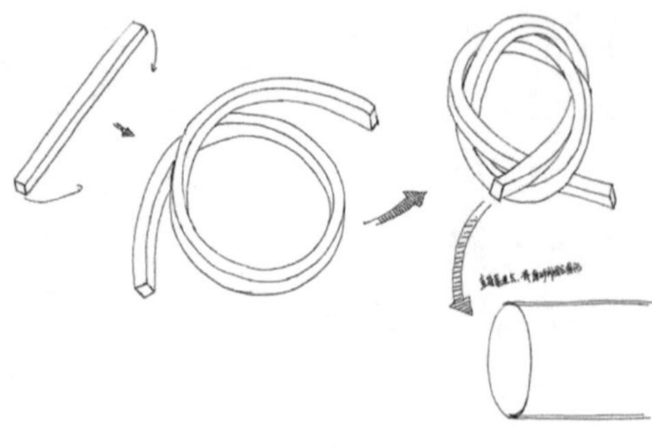

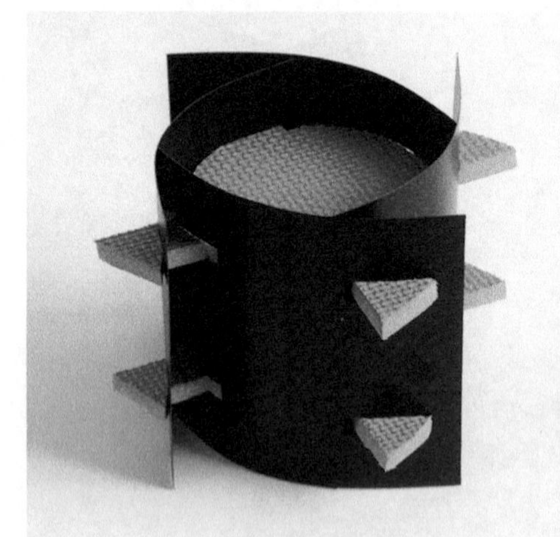

图7-17　设计：王蕾华、李军、陈哲明

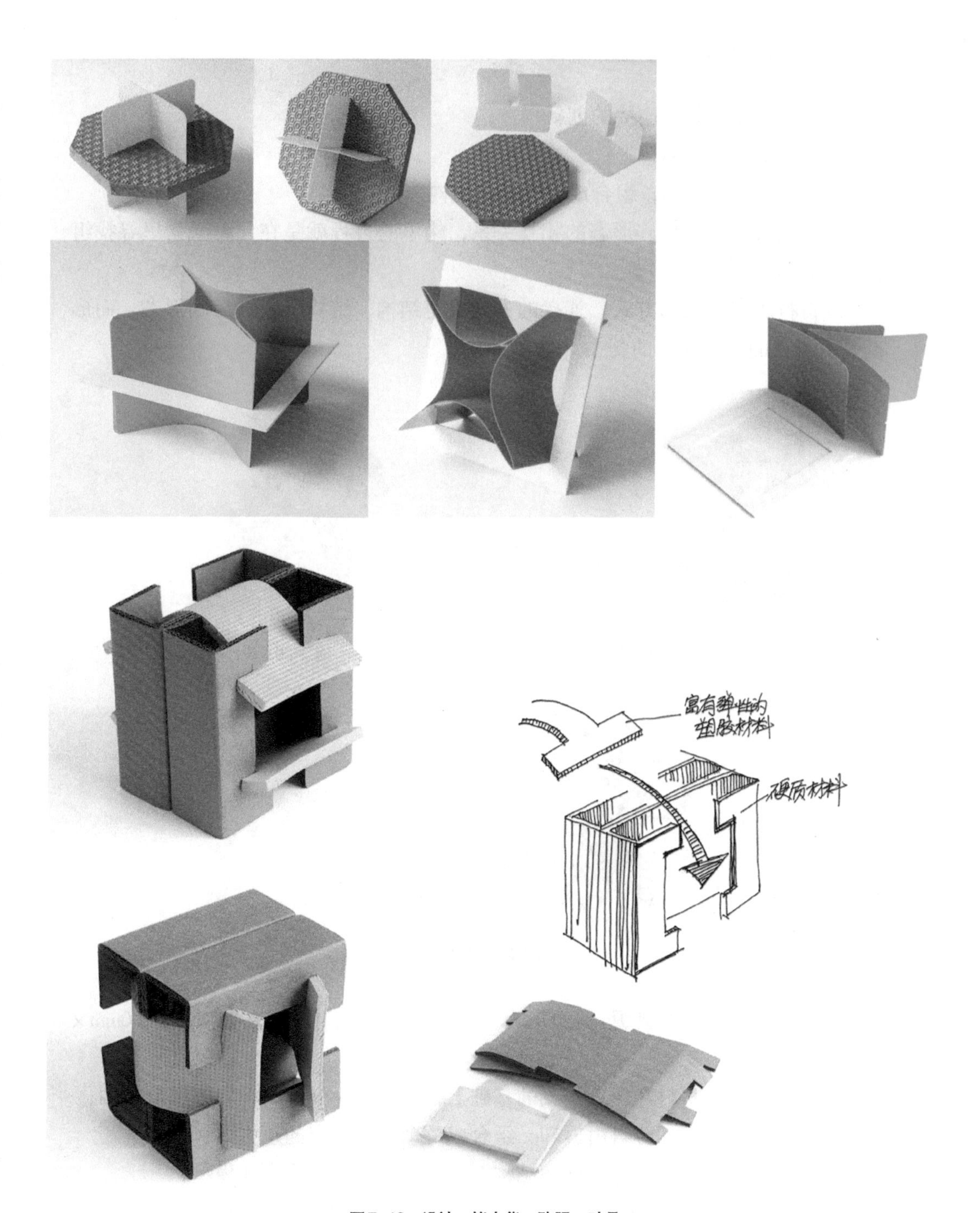

图7-18　设计：褚志华、陈强、叶丹

7.3 孔明锁

· 设计一种三向度连接的创新构造；

· 不得使用粘接剂；

· 构件能自由拆卸，组合成一个稳定的构造体；

· 研究材料、结构、形态的相互关系，构思的过程就是在几种元素里寻找组合的可能性；

· 材料决定连接的方式，连接的方式决定结构，结构决定最后的形态，而形态是由材料的特性决定的；

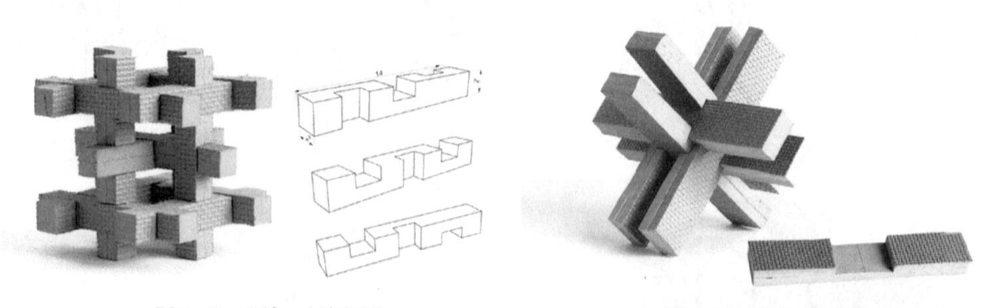

图7-19 设计：上官长树

图7-20 设计：郑书洋

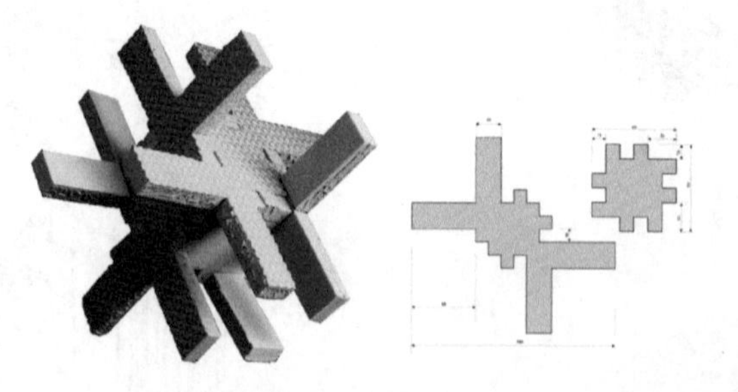

图7-21 设计：陈凡

· 材料尺寸：模型板、瓦楞纸、EVA、KT板等，尺寸在200mm×200mm×200mm范围之内；

· 在尝试上述材料和形态构成的基础上，再设计一个木构榫卯的框架结构；

· 要求基本形之间能自由拆卸，组合成一个结构稳定的正方体；

· 方案确定以后，需画出榫卯结构图，在木工车间制作实体模型；

· 材料：40mm×40mm木方，总体构造在400mm×400mm×400mm范围之内。

图7-22　设计：毕超、叶芳、金军、龚丽娟、陈晨、吴立立、陈孝杰、倪佳倩、张伟雄

图7-23 设计：刘定轩

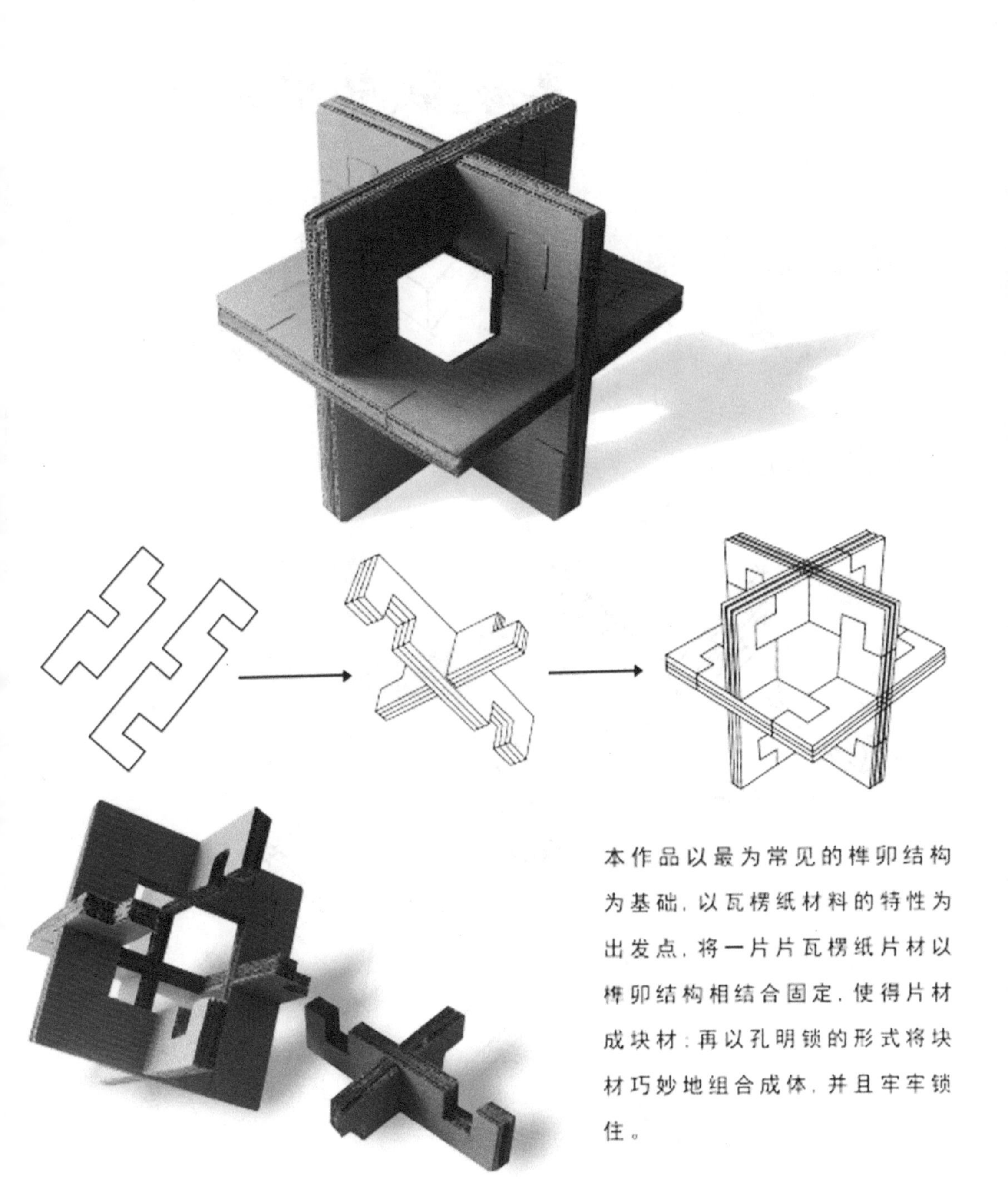

本作品以最为常见的榫卯结构为基础，以瓦楞纸材料的特性为出发点，将一片片瓦楞纸片材以榫卯结构相结合固定，使得片材成块材；再以孔明锁的形式将块材巧妙地组合成体，并且牢牢锁住。

图7-24　设计：吴才德

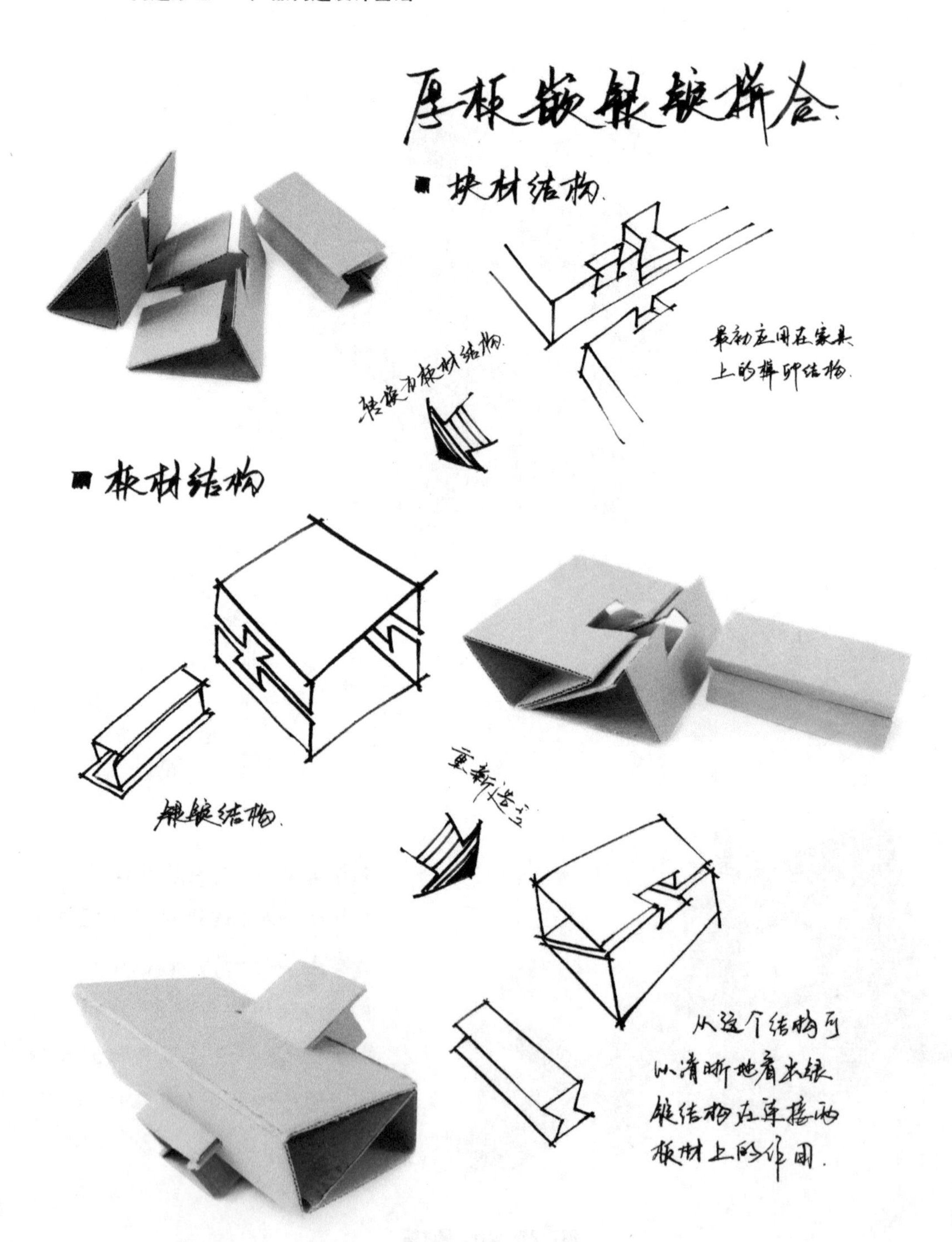
厚板嵌锁拼合
■ 块材结构
最初应用在家具上的榫卯结构
转换为板材结构
■ 板材结构
锁键结构
重新设计
从这个结构可以清晰地看出锁键结构在连接两板材上的作用

图7-25　设计：苏西子

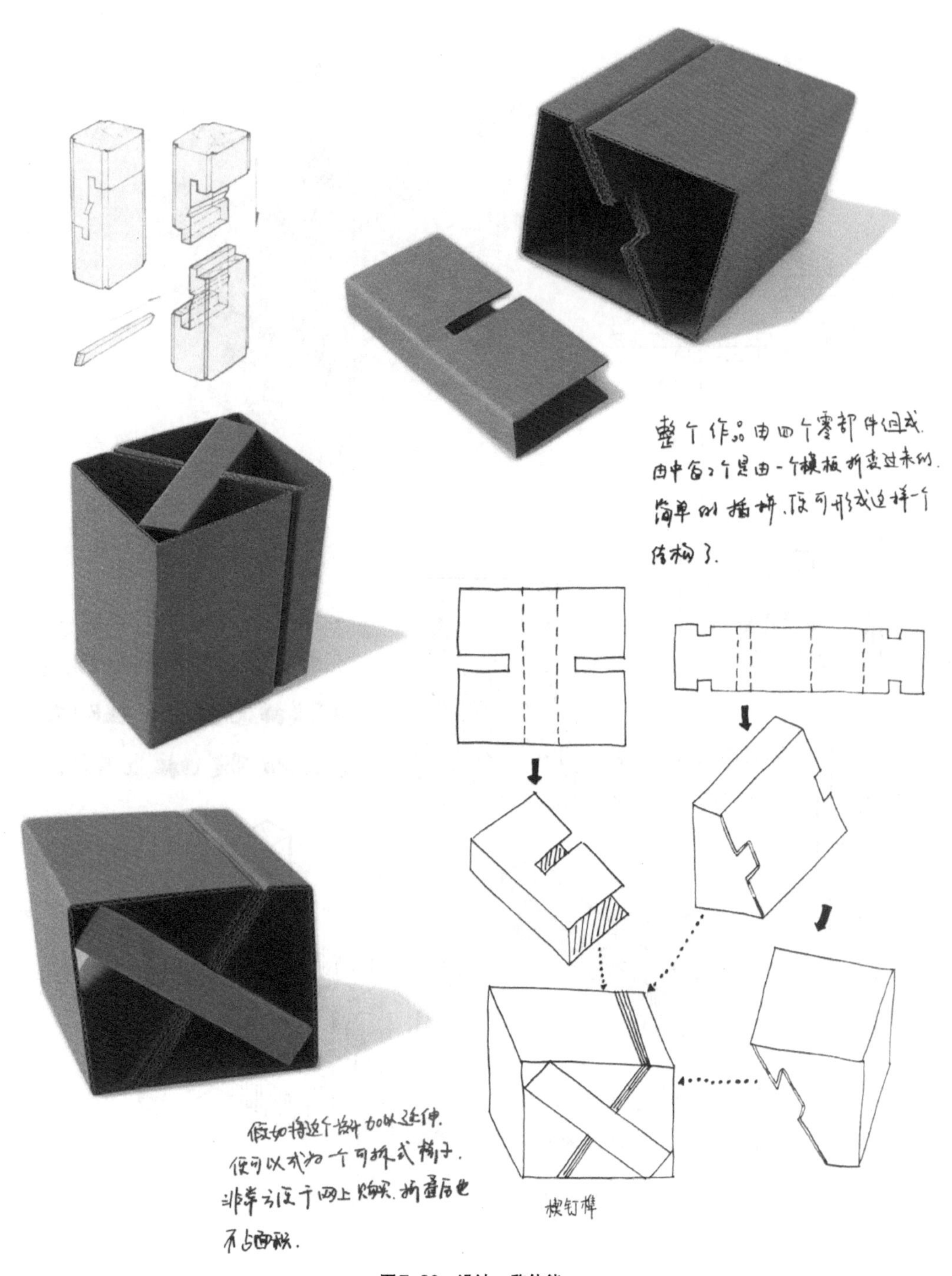
整个作品由四个零部件组成，
其中各2个是由一个模板折叠过来的，
简单的插拼，便可形成这样一个
结构了。
假如将这个构件加以延伸，
便可以成为一个可拆式椅子，
非常方便于网上购买，折叠后也
不占面积。
楔钉榫

图7-26　设计：黎佳能

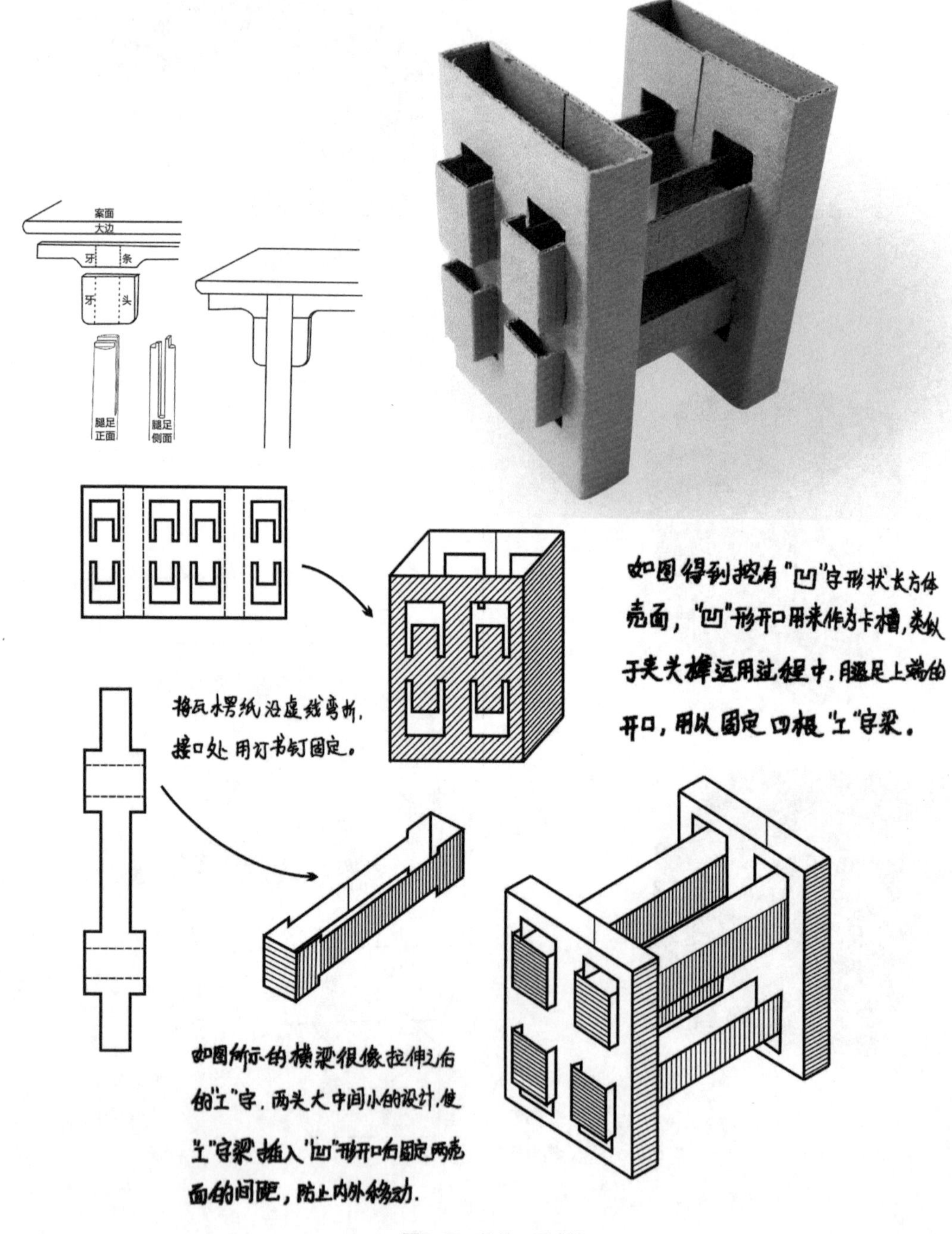
案面
大边
牙条
牙头
腿足正面
腿足侧面
如图得到挖有"凹"字形状长方体壳面，"凹"形开口用来作为卡槽，类似于夹头榫运用过程中，腿足上端的开口，用以固定四根"工"字梁。
将瓦楞纸沿虚线弯折，接口处用订书钉固定。
如图所示的横梁很像拉伸之后的"工"字，两头大中间小的设计，使"工"字梁插入"凹"形开口后固定两壳面的间距，防止内外移动。

图7-27　设计：潘晓婷

图7-28　面材构成立方体　设计：叶丹

图7-29　线材构成立方体　设计：叶丹

最里面的一对板材锁住了整个结构。

构造中设计了一个缺口，使最后一根构件能插入，构成一个稳定的框架。

四根U形线材的插接方向作了变化设计，中间的插板成了锁住整个框架的结构。反之，抽出木板，框架就能解体，源自孔明锁原理。

根据图7-30构成体开发设计的木制产品。

图7-30　线面构成立方体　设计：叶丹

构架

拆装式杂物架

本设计是一件小型多用途家具。可作为电脑桌、茶几、杂物架、床头柜使用。

本设计采用榫卯结构，可以将平面化的部件进行安装和拆卸，而无需额外的连接件。隔板能锁住所有部件构成一个稳定的整体。拆装式结构设计有利于节省包装成本、方便搬运和仓储。尤其适应网络购物。

图7-31　拆装式杂物架　设计：叶丹　姜葳

7.4 折叠与收纳

· 以自己的生活环境为观察对象，对宿舍、居家、校园公共场所及本人生活状态的作深入仔细的调查研究；

· 画出思维导图或概念地图，从中提炼设计概念；

· 画出设计草图、结构图；

· 制作设计模型及版面。

· 材料：模型板、瓦楞纸、卡纸、无纺布、EVA等。

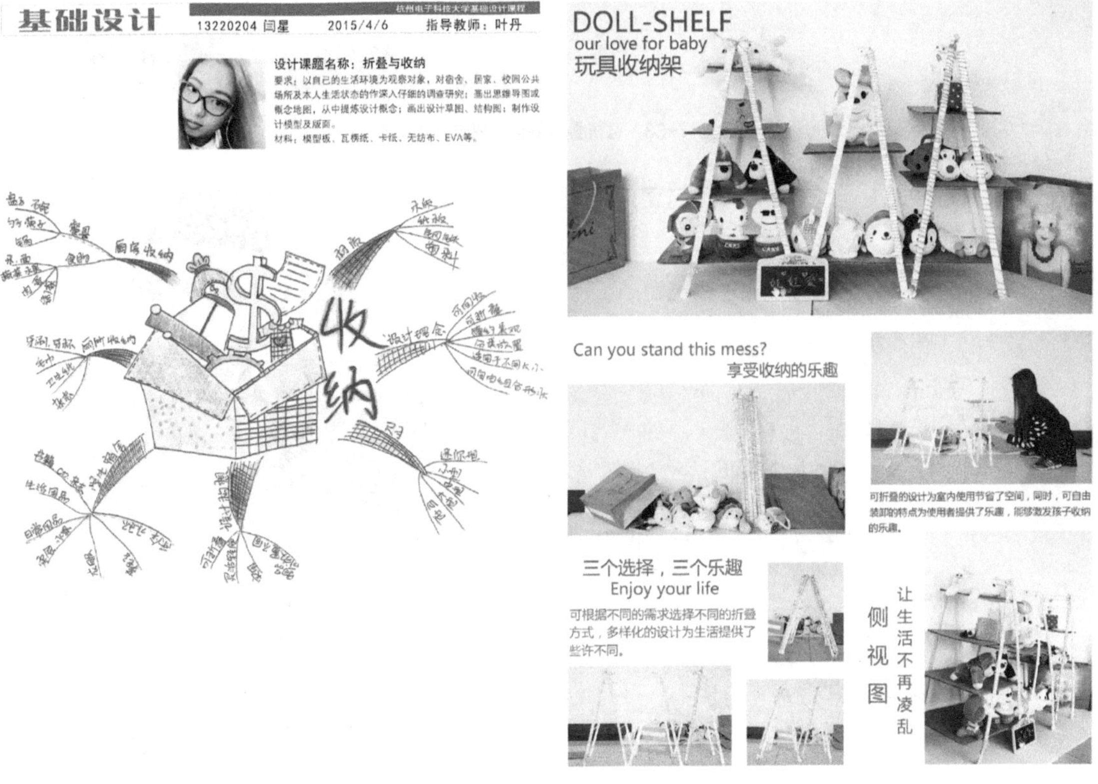

图7-32 玩具收纳架 设计：闫星

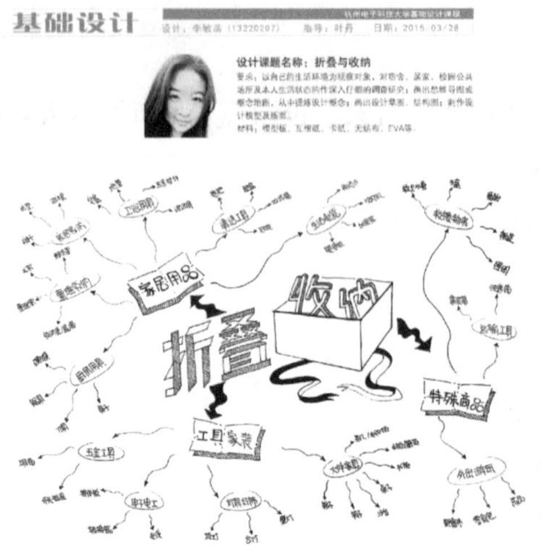

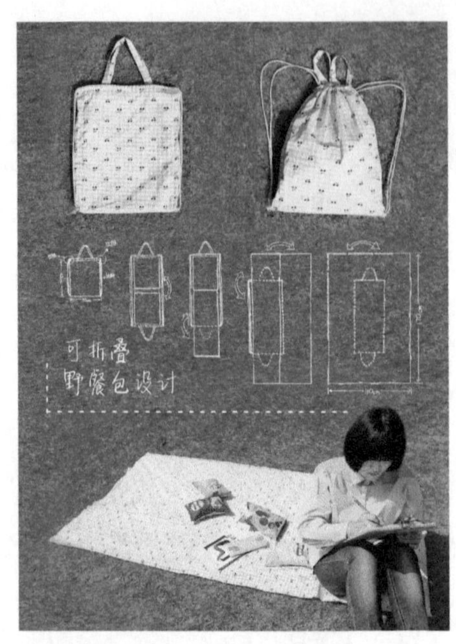

图7-33　可折叠野餐包　设计：李敏菡

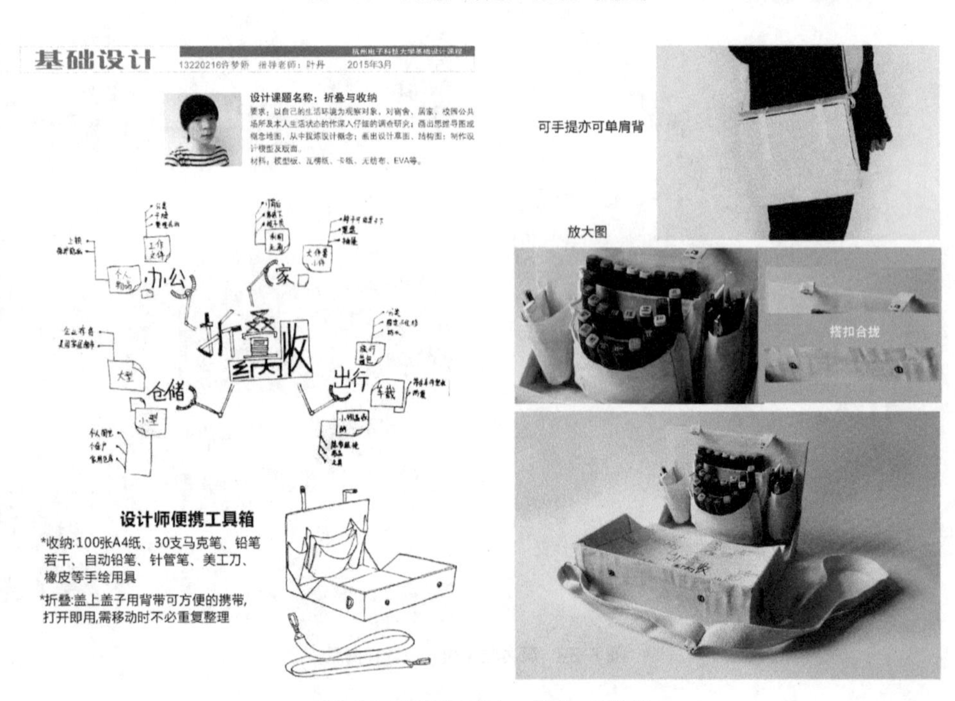

图7-34　便携式工具包　设计：许梦娇

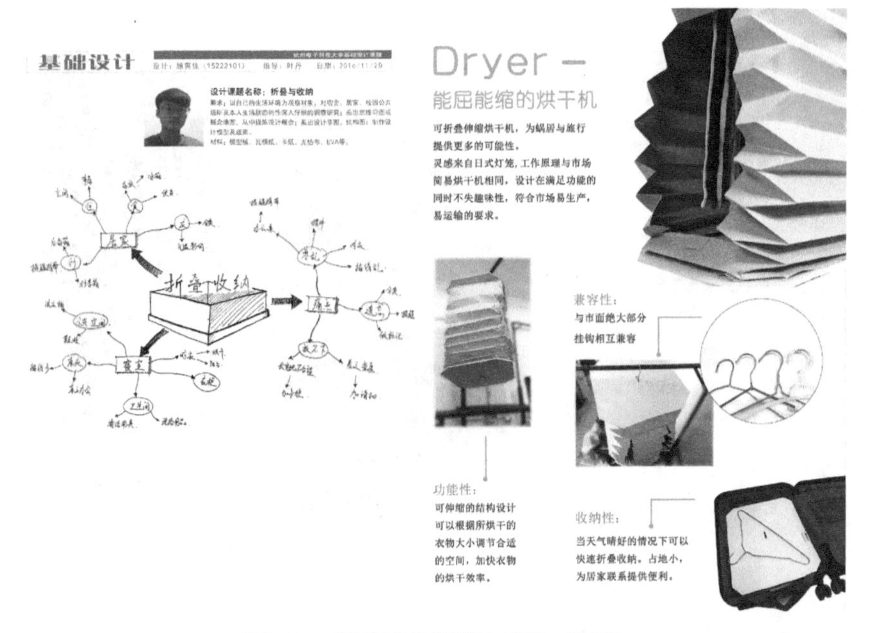

图7-35　能屈能伸的烘干机　设计：顾寅佳

图7-36　禅修椅版面及PPT　设计：叶丹

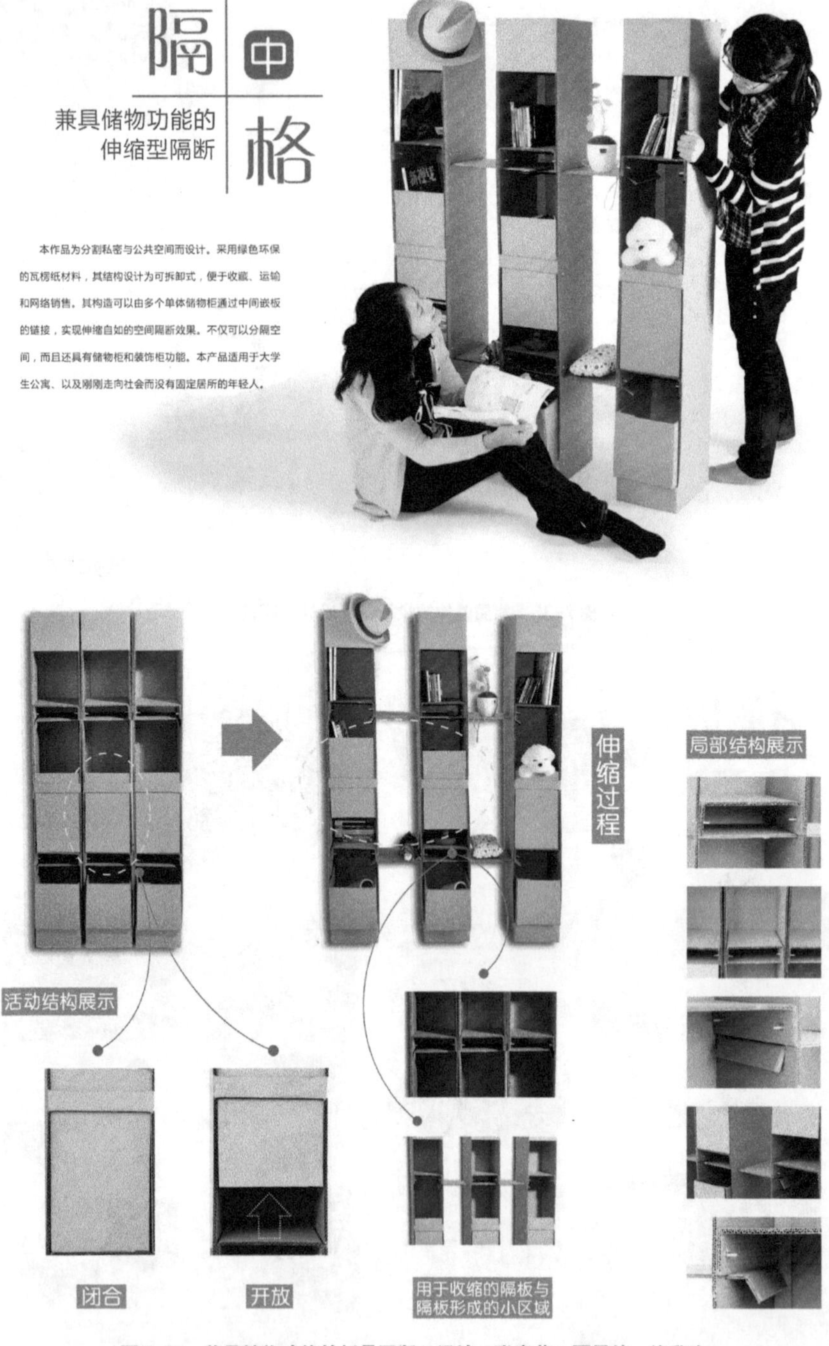

图7-37　兼具储物功能的折叠隔断　设计：张素荣、夏展笑、许黎杰

图7-38　可折叠式家具　设计：吴茹窈、唐丽、叶盟

图7-39　瓦楞纸隔断设计草模　设计：潘洋

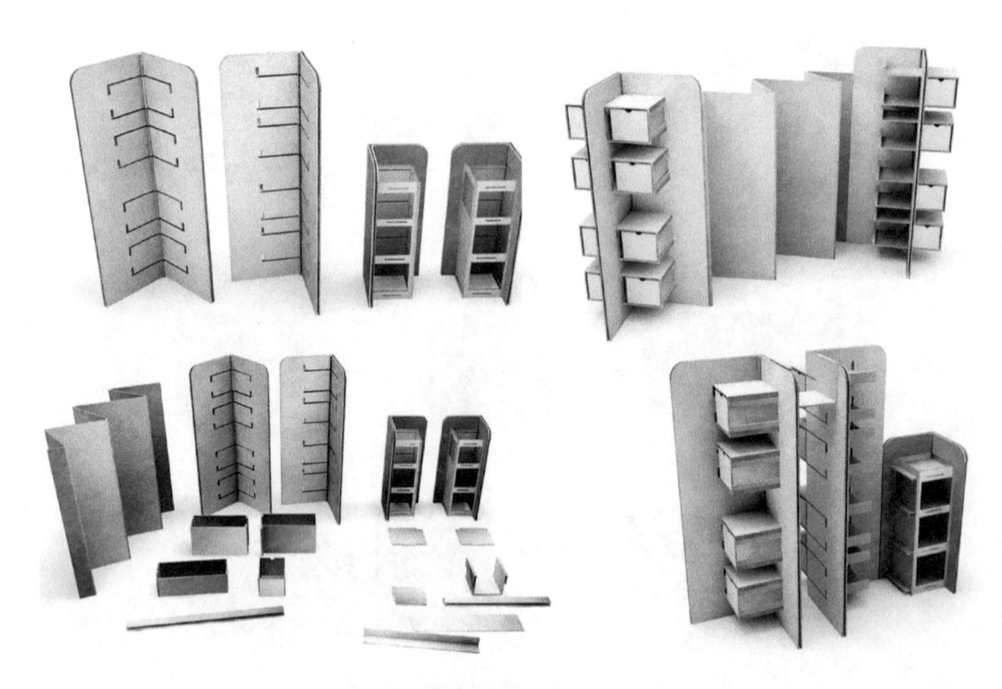

图7-40　构造及细节推敲　设计：潘洋

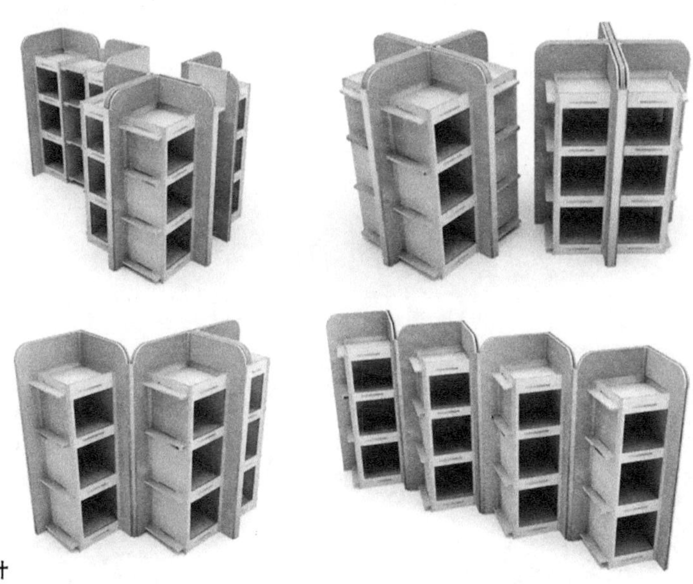

图7-41　折叠与空间设计
设计：潘洋

图7-42　兼具书架的折叠隔断设计模型1　设计：潘洋

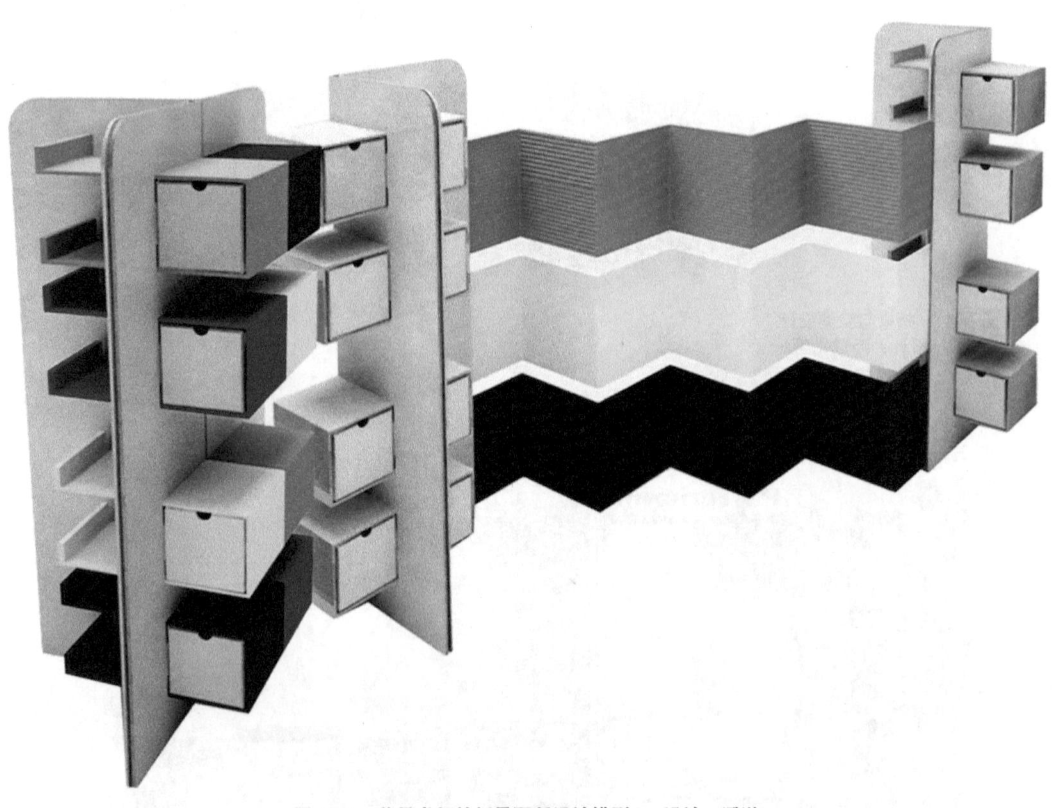

图7-43　兼具书架的折叠隔断设计模型2　设计：潘洋

7.5 邮购包装箱

· 三人组成设计团队；

· 通过对快递业、网络、专利文献等调研，对目前国内快递业高速发展下带来的包装物对环境的污染越来越严重现象作仔细分析，每组作一份调研PPT在全班交流；

· 对包装物的污染问题作一份思维导图，并定义问题；

· 运用概念思考提出解决问题的方案；

· 画出设计草图、预想图、模型及版面。

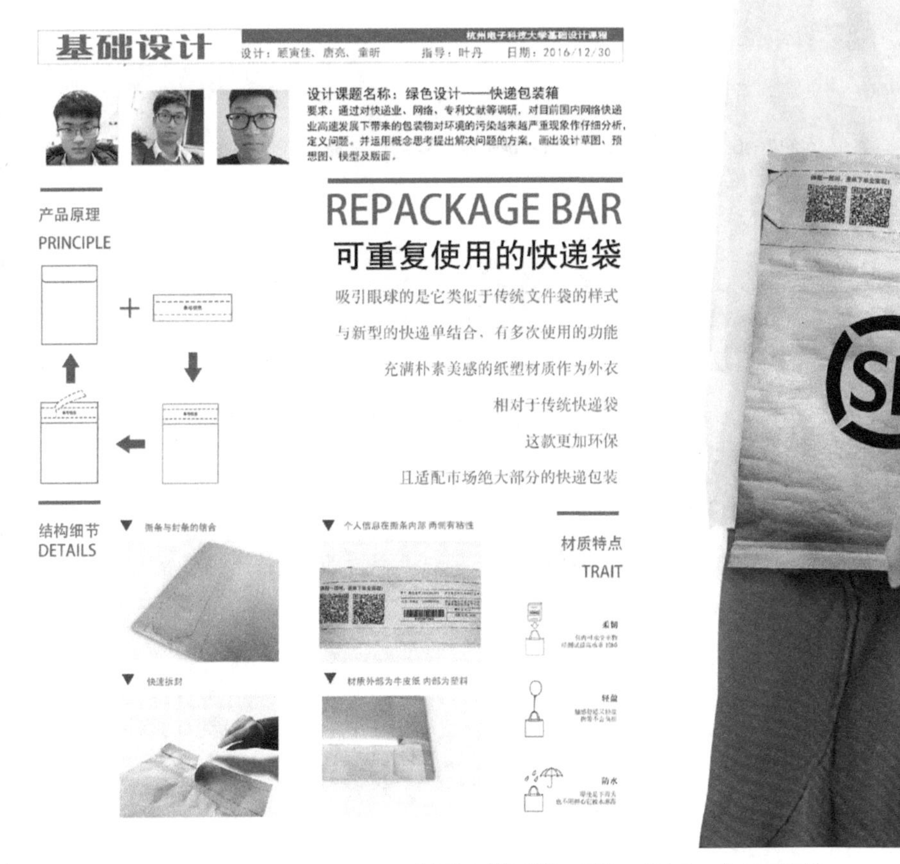

图7-44 可重复使用的快递袋 设计：顾寅佳、唐亮、童昕

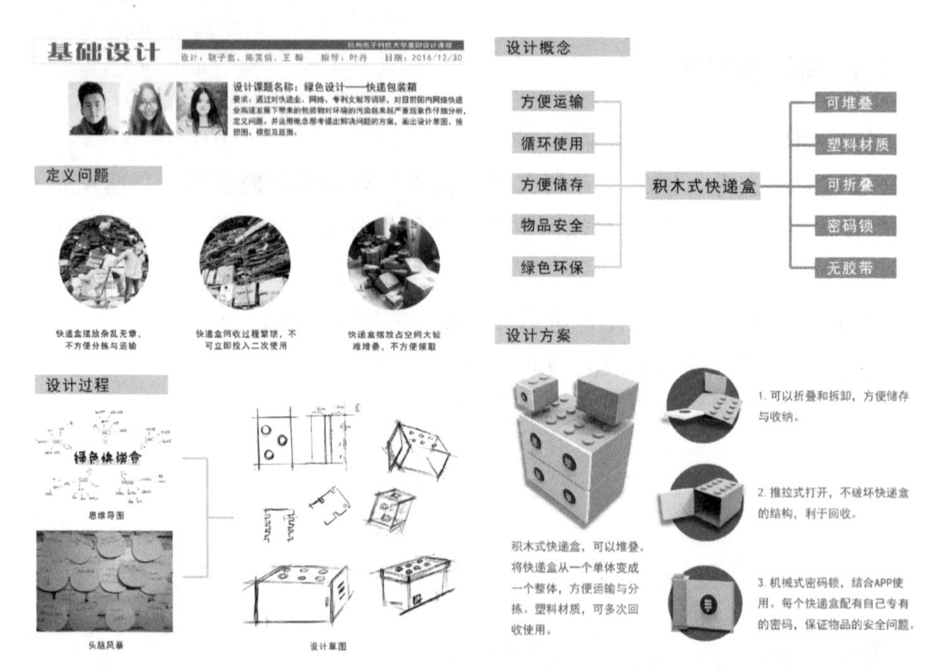

图7-45　绿色邮箱设计　设计：耿子翕、陈英俏、王翰

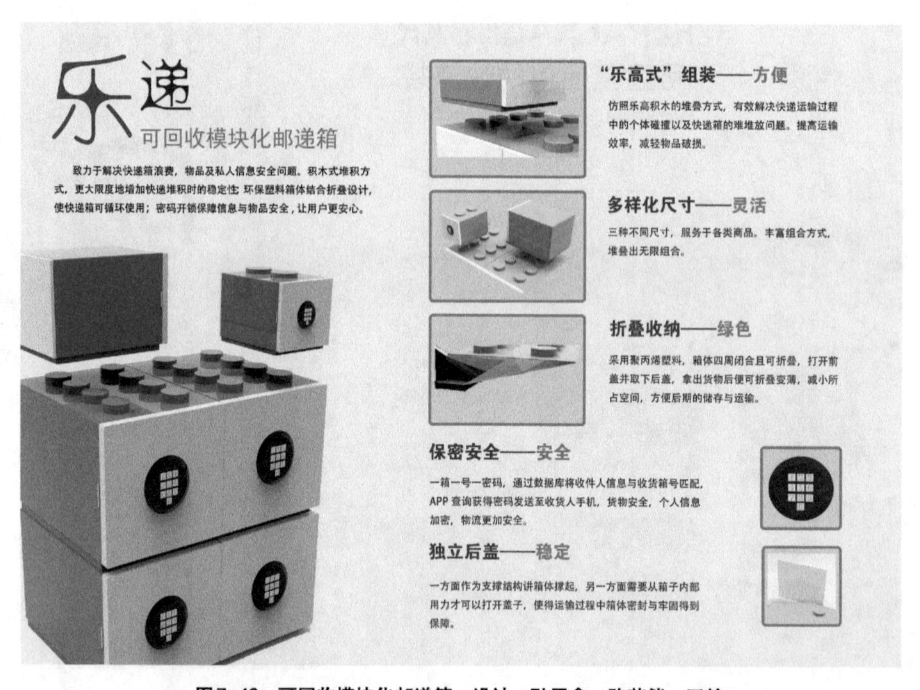

图7-46　可回收模块化邮递箱　设计：耿子翕、陈英俏、王翰

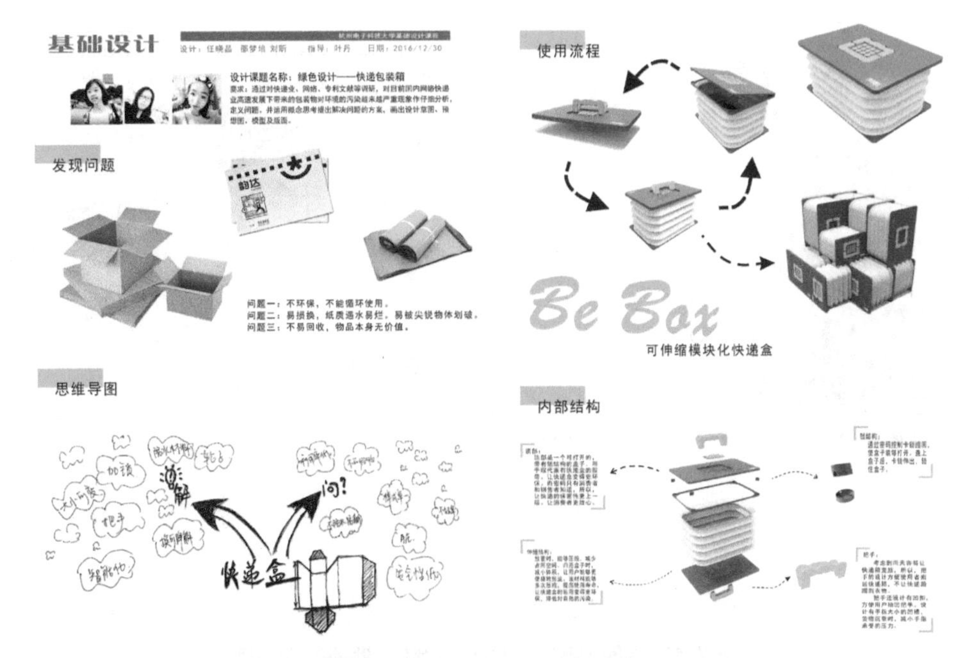

图7-47　绿色邮箱设计　设计：任晓晶、邵梦培、刘昕

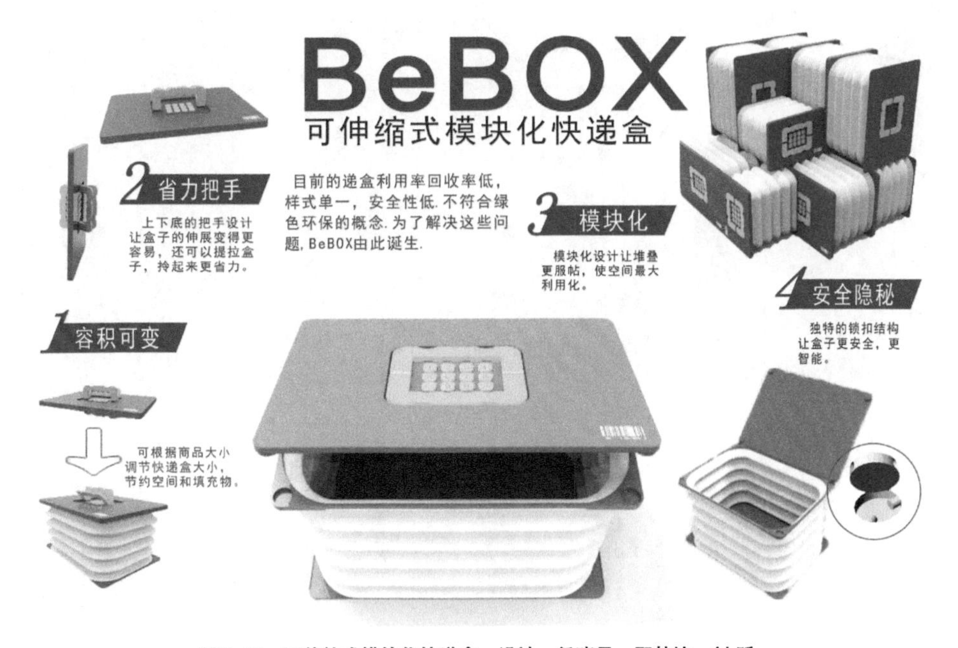

图7-48　可伸缩式模块化快递盒　设计：任晓晶、邵梦培、刘昕

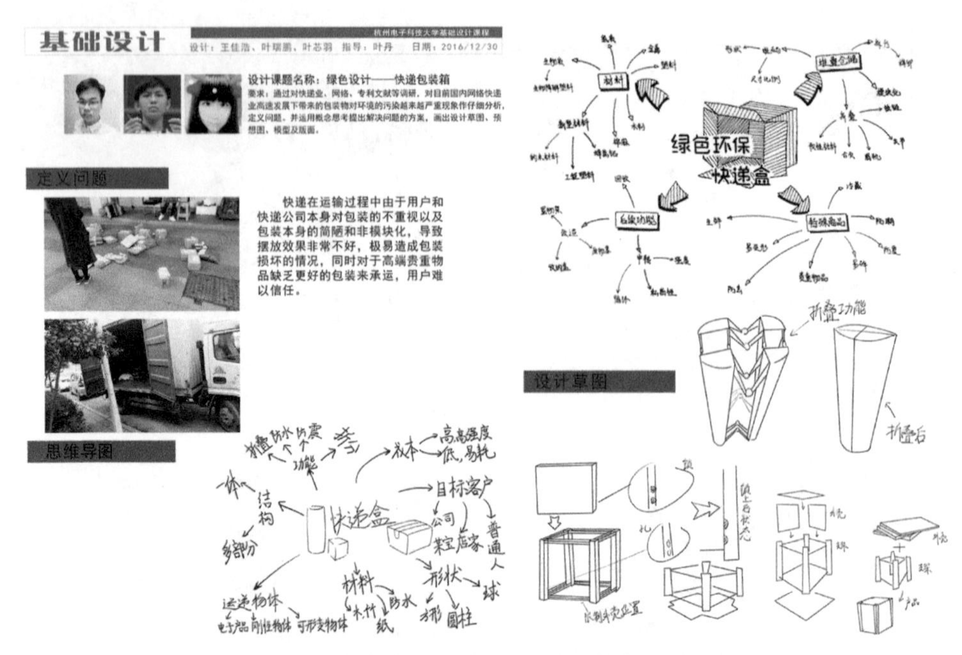

图7-49 绿色邮箱设计 设计：王佳浩、叶瑞鹏、叶芯羽

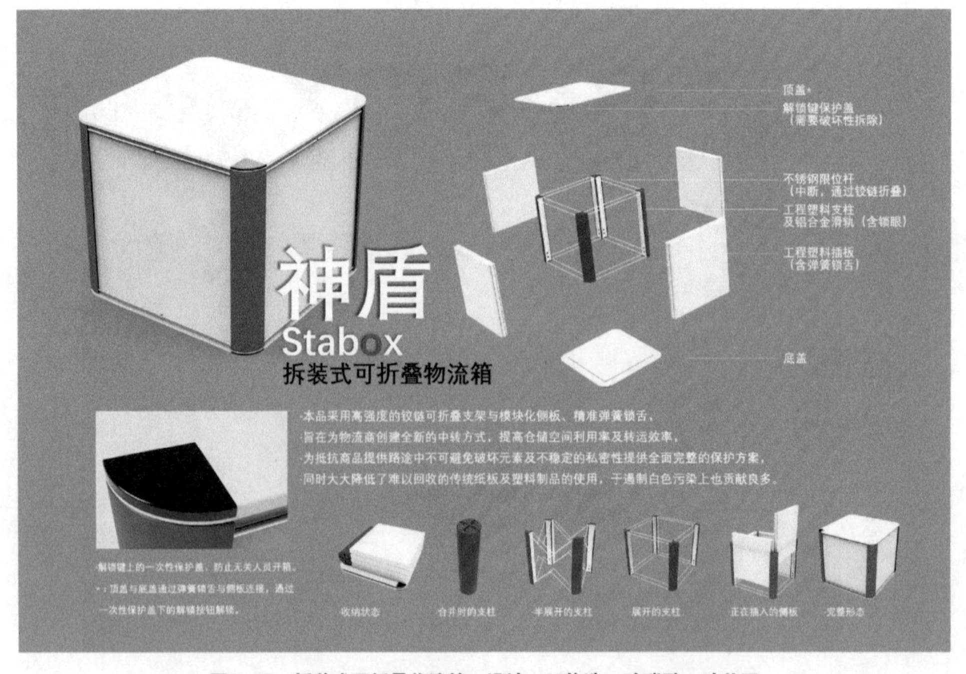

图7-50 拆装式可折叠物流箱 设计：王佳浩、叶瑞鹏、叶芯羽

图7-51　模块化可拆卸的快递包装盒　设计：胡佳瑶、陆鑫盈、范海鹏

Modular Removable Box

本产品是用于网络购物的运输包装箱。绿色设计理念体现在采用天然的竹板材料和模数化设计，具有可以反复使用、适用于各种尺寸商品的包装和运输功能。

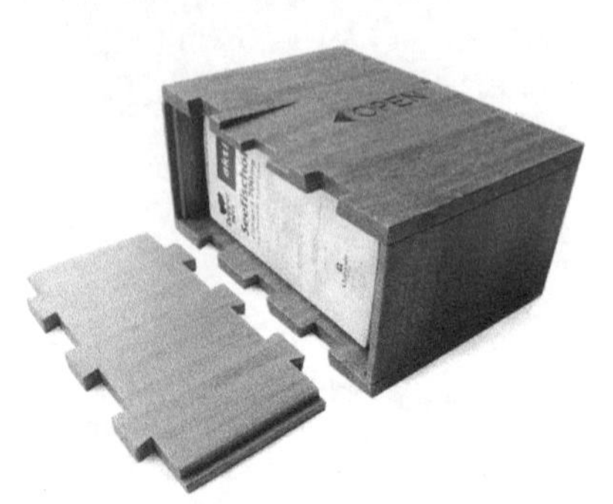

在全球市场经济环境下，网络购物方便快捷的优势已经成为大众消费方式。网络购物的特点是由快递公司将商品传递给用户，在这一过程中，瓦楞纸包装纸箱用量巨大，大多数纸箱是一次性使用后便成为废弃物，成了环境污染新的来源。本设计提供了一种新的解决方案：包装箱可以反复使用、适用于各种尺寸的商品包装、方便运输过程中的商品堆码。

Modular Removable Box

设计特点：

1. 箱体的六个侧面板是采用榫卯结构设计，组合成一个完整的包装箱；
2. 箱体面板尺寸采用模数化设计，根据商品尺寸选择相应的面板组成一个箱子，而且方便运输过程中的商品堆码；
3. 由于不使用胶水，采有自锁的榫卯结构组成一个包装箱。当用户打开包装箱时采用“解锁”的方式，而不用破坏箱子取出商品；
4. 竹子的物理性能保证了包装箱可以反复使用，而且竹材具备可降解性质，可以进一步减少包装箱对于环境的影响和压力。

图7-52 模块化的可拆卸包装箱 设计：叶丹

参考文献

1 [瑞士]皮亚杰. 发生认识论原理[M].王宪钿等译.北京：商务印书馆，1997.

2 [美]赫伯特·T·西蒙. 关于人为事物的科学[M].杨砾译.北京：解放军出版社，1985.

3 [美]鲁道夫·阿恩海姆. 艺术与视知觉[M].滕守尧，朱疆源译.北京：中国社会科学出版社，1984.

4 [荷]代尔夫特理工大学. 设计方法与策略化[M].倪裕伟译.武汉：华中理工大学出版社，2014.

5 柳冠中. 事理学论纲[M].长沙：中南大学出版社，2006.

6 [美]希特凡·希尔德布兰，安东尼·特隆巴. 铿铿宇宙[M].沈葹译.上海：上海教育出版社，2004.

7 [日] 原研哉. 设计中的设计[M].朱锷译.济南：山东人民出版社，2006.

8 [美]亨利·佩卓斯基. 器具的进化[M].丁佩芝译.北京：中国社会科学出版社，1999.

9 [英]特奥多·库克. 生命的曲线[M].周秋麟等译.长春：吉林人民出版社，2000.

10 [日] 杉浦康平. 造型的诞生[M].李建华，杨晶译.北京：中国青年出版社，1999.

11 [美]克里斯蒂娜·古德里奇.设计的秘密——产品设计2[M].刘爽译.北京：中国青年出版社，2007.

12 [瑞士] 哥海德·休弗雷. 北欧设计学院工业设计基础教程[M].李亦文译.南宁：广西美术出版社，2006.

13 杨砾，徐立.人类理性与设计科学[M].沈阳：辽宁人民出版社，1987.

14 [美]西尔瓦诺·阿瑞提. 创造的奥秘[M].钱岗南译.沈阳：辽宁人民出版社，1987.

15 [美]理查德·福布斯. 创新者的工具箱[M].董兆一译.北京：新华出版社，2004.

16 [日] 中西元男，[中]王超鹰.21世纪顶级产品设计[M].梵非译.上海：上海人民美术出版社，2005.

17 [美]贝拉·马丁，布鲁斯·汉宁顿. 通用设计方法[M].初晓华译.北京：中央编译出版社，2013.

18 王受之. 世界现代设计史[M].北京：中国青年出版社，2002.

19 刘宝顺. 产品结构设计[M].北京：中国建筑工业出版社，2009.

20 柳冠中.综合造型设计基础[M].北京：高等教育出版社，2009.

21 许或青.绿色设计[M].北京：北京理工大学出版社，2013.

22 林荣德.产品结构设计实务[M].北京：国防工业出版社，2012.
23 胡东，刘忠伟，曾莹.产品设计技术基础[M].合肥：合肥工业大学出版社，2011.
24 [日]佐藤大.用设计解决问题[M].邓超译.北京：北京时代华文书局，2016.
25 叶丹.基础设计[M].北京：人民美术出版社，2009.
26 郝德永.课程研制方法论[M].北京：教育科学出版社，2000.

设计思维实验丛书

后 记

设计思维是有别于科学思维的另一种思维方式。早期人类用石头制作狩猎工具就是设计思维所为。设计思维的当代含义是借助知觉、想象力、模式识别能力，构建有情感意义的、功能性的创意，并通过图形、文字、符号和原型表达的思考方式。

科学是描述、理解和发现事实，工程是解决事先给定的问题，而设计是构想可选择的事实和价值。设计思维是探寻各种可能性，以寻求不同的解决方案的过程：包含感知、设想和构成三个要素。“感知”是为了发现问题并寻找解决问题的认知途径；“设想”是生成与激发创意；而“构成”则是将创意视觉化，变成可供测试、优化和改进的物品或服务的过程。

设计思维过程中的知觉、想象力和实验，三个要素缺一不可。我们从小形成的概念，做实验是要获得与书上一致的结果，不一致就是失败，这类实验只是验证手段。只有包含着结果的不确定性，实验才能激发学生探索未知的激情。也只有在感知过程中才会遇到意想不到的问题，才能引发好奇心，遭遇挑战，产生创造动力。“设计思维实验教学丛书”的写作理念和内容是通过原理和大量的课题来引发学习者观察、想象和动手实验的学习热情。本套丛书可以作为工业设计和产品设计等专业基础课程的教材和参考用书。

《用眼睛思考》和《设计思考》自2011年出版以来，由于其基础研究性和良好的教学设计受到了国内高校工业设计专业同行的认可，并被众多院校选为教材。本次修订是在原书基础上增加和更新了研究课题和实验项目。

《构形原理》和《构造原理》对应于工业设计和产品设计的基础课程。我们曾经把形态、结构、构造、工艺、美感等概念当作知识点灌输给学生，而当这些知识在互联网上都能找到，并有大量概念条目可查询的时候，传统教学模式遭遇了挑战。形态、构造原理是知识，而在运用过程中却是思考方式和工具，学会选择和判断成为设计思维能力的关键。这两本书编入设计思维实验教学丛书，其教学设计是通过书中大量的实验课题去思考和活化知识。在现实教学环境下，让学生在思考——动手的过程中学习。思考不仅是动脑，动手是更有效的思考。丛书提供了大量的教学案例。

在编写过程中有两件事对写作产生激励作用。一件是世界著名工业设计教育家、德国斯图加特国立造型艺术学院原院长克劳斯·雷曼教授在中国出版了新书《设计教育 教育设计》。早在20世纪80年代末就聆听过雷曼教授设计基础教学的讲座，当面请教过具体的教学问题。可以说本套书的教学理念深得雷曼教学思想的影响："鼓励全新的视觉探索与认知行动。通过亲手做实验，学生们形成了适用于个人和普遍情况的知识储备，即在动手中学习。通过做演示与讨论的过程，他们能够发展并归纳出评价工作形成和结构的一套标准，并且获得发展自身语言能力和批判性思维能力的机会。"在此感谢雷曼教授二十多年来对中国设计教育言传身教式的指导帮助。

另一件事是2016年11月14日，芬兰赫尔辛基教育局发文废除中小学课程式教育，采取实际场景主题教学。这种"现象教学法"（Phenomenon Method）从根本上颠覆了知识传授的传统教学方式，把认知作为教育核心，帮助学生形成自己的主见。教学目标的选择，更多地来自日常所能接触到的"现象"。教学任务更加生活化和情景化，有助于学生体认和理解。笔者认为这些理念与雷曼的教学思想和清华美院柳冠中教授的"事理学"有着内在的联系。即强调对生活的体验、思维的扩展、方法的选择和对问题的分析和归纳。这与本套丛书中大量的教学案例背后的理念相符。

在写作过程中，作者有幸得到杭州电子科技大学同道的鼓励与支持，正是他们为学校营造了适宜教学研究和交流环境，使我能够持续10多年专心致志地沉浸于基础教学研究之中，没有他们的鼎力支持就不可能完成写作。在此，特别感谢工业产品设计教学省级示范中心主任陈志平教授，以及设计系教师潘洋、董洁晶、蒋琤琤、张祥泉、刘星、陈炼、张振颖、曹静等对基础设计教学的参与，本书第五章由董洁晶编写，其他章节由叶丹撰写并统稿。特别感谢中国建筑工业出版社李东禧编辑长期可贵的支持！

限于笔者的学识水平，本书不可避免地存在不足之处，恳请专家学者批评指正。

叶 丹

2017年元旦于杭州下沙高教园区